Vade Mecum

DU CHASSEUR

AU

CHIEN D'ARRÊT.

IMPRIM. DE CARPENTIER-MÉRICOURT,
Rue Traînée-St-Eustache, n. 15.

Vade Mecum

DU CHASSEUR

AU

CHIEN D'ARRÊT,

Par un Vieux Chasseur.

PARIS.

PÉLICIER ET CHATEL, LIBRAIRES
Place du Palais-Royal.

1827.

PRÉFACE.

—

La Chasse au chien d'arrêt, quoique beaucoup moins compliquée que celle à courre, exige cependant aussi une étude particulière, sans laquelle il est presque impossible d'y réussir. En publiant cet ouvrage, nous nous sommes proposé d'indiquer tout ce qui peut y avoir rapport, ou du moins ce qu'il est nécessaire de savoir pour y obtenir quelque succès ; but qu'il nous était facile d'atteindre, puisque, retirés depuis bien des années à la campagne, cette chasse y forme notre unique délassement. La manière d'élever et de dresser les chiens couchans, de traiter les maladies auxquelles ils sont sujets, le choix des armes, de tout ce qui compose l'équipement du chasseur, nous occuperont tour à tour. Nous joindrons à ce petit manuel des extraits de plusieurs articles de Buffon, pour faire connaître les animaux que l'on poursuit à cette chasse, tels que le lièvre, le lapin, la perdrix, la caille, etc., ainsi qu'un vocabulaire des termes que l'on y emploie. Enfin, l'ignorance des lois sur la chasse, ayant exposé beaucoup de personnes à commettre involontairement des délits, dont les suites sont souvent coûteuses, toujours désagréables, nous avons cru devoir rapporter les lois et ordonnances qui composent actuellement cette partie de notre législation.

Le chien est le compagnon naturel, indispensable du chasseur. Sans lui ce n'est qu'avec une peine extrême qu'il parvient à découvrir, quelquefois même à faire partir le gibier ; et, lorsqu'il l'a frappé mortellement, sans lui il est souvent exposé à perdre le fruit de ses courses, de son travail, car on peut dire que la chasse est plutôt une peine qu'un plaisir pour l'homme privé de cet ami fidèle. Son portrait vient donc se placer tout naturellement devant un ouvrage du genre de celui-ci; et ce que Buffon dit du chien en général, nous paraissant convenir principalement au chien d'arrêt, nous copierons les lignes que cet écrivain célèbre lui a consacrées.

« Le chien, indépendamment de la beauté de sa forme, de la vivacité, de la force, de la légèreté, a par excellence toutes les qualités intérieures qui peuvent lui attirer les regards de l'homme. Un naturel ardent, colère, même féroce et sanguinaire, rend le chien sauvage redoutable à tous les animaux, et cède dans le chien domestique aux sentimens les plus doux, au plaisir de s'attacher, et au désir de plaire : il vient en rampant mettre aux pieds de son maître son courage, sa force, ses talens ; il attend ses ordres pour en faire usage, il le consulte, il l'interroge, il le supplie ; un coup d'œil suffit, il entend les signes de sa volonté : sans avoir, comme l'homme, la lumière de la pensée, il a toute la chaleur du sentiment ; il a de plus que lui la fidélité, la constance dans ses affections ; nulle ambition, nul intérêt, nul désir de vengeance, nulle crainte que celle de déplaire ;

il est tout zèle, tout ardeur, et tout obéissance : plus sensible au souvenir des bienfaits qu'à celui des outrages, il ne se rebute pas par les mauvais traitemens; il les subit, les oublie, ou ne s'en souvient que pour s'attacher davantage; loin de s'irriter ou de fuir, il s'expose de lui-même à de nouvelles épreuves, il lèche cette main, instrument de douleur qui vient de le frapper, il ne lui oppose que la plainte, et la désarme enfin par la patience et la soumission. »

VADE MECUM

DU CHASSEUR

AU

Chien d'Arrèt.

++

CHAPITRE PREMIER.

Introduction.

La chasse à courre est sans contredit la plus belle de toutes; mais peu de personnes peuvent s'y livrer, en raison de la vaste étendue de terrains qu'il faut avoir à sa disposition, et des dépenses considérables dans lesquelles elle entraîne pour les chevaux et les meutes qu'elle oblige d'entretenir; tandis que la chasse au chien d'arrêt, beaucoup moins dispendieuse, moins fatigante, et pouvant se faire sur des terres plus resserrées, convient à un bien plus grand nombre de propriétaires et surtout de jeunes gens.

Le véritable plaisir, à cette chasse, consiste, non pas, comme on le pense généralement, à être assez adroit tireur pour tuer une pièce qui part de surprise, mais à voir travailler un chien de race qui, sagement dirigé, procure au chasseur, par ses ruses, par ses belles allures, des sensations inconnues aux braconniers, à ces hommes qui font de la chasse un métier, de la destruction du gibier toute leur jouissance. Un amateur de la chasse ne doit donc rien négliger pour s'en procurer, et, lorsqu'il y est parvenu, pour conserver la race dans toute sa pureté ; car le peu de soin que mettent la plupart des chasseurs pour réserver, même pour faire couvrir leurs chiennes lorsqu'elles sont en chaleur, rendent les individus de pure race plus rares de jour en jour.

CHAPITRE II.

Des Chiens d'arrêt.

Les braques, les épagneuls et les griffons sont également bons pour arrêter la perdrix, la caille, le lièvre, etc. J'ai vu des chiens de ces trois races parfaits pour la chasse ; mais le braque est surtout excellent pour la plaine, l'épagneul pour le bois et les buissons, et le griffon pour le marais.

Lorsqu'on veut garder des chiens d'une portée, on doit choisir de préférence ceux dont la tête est la plus courte, et dont le nez est le plus gros. On regarde les taches des oreilles et de la queue comme étant des marques de race ; mais je crois qu'on peut appliquer aux chiens comme aux chevaux le proverbe si connu : *De tout poil bonne bête.*

Les chiens naissent avec les yeux fer-

més ; les deux paupières ne sont pas sim-
plement collées, mais adhérentes par une
membrane qui se déchire lorsque le muscle
de la paupière supérieure est devenu assez
fort pour la relever ; ce qui arrive du dou-
zième au quinzième jour. Ils perdent leurs
premières dents (incisives) à la fin du
troisième mois, et leurs crocs (canines) à
la fin du quatrième. Dans ce premier âge,
les mâles comme les femelles s'accrou-
pissent pour pisser ; ce n'est qu'à neuf ou
dix mois que les mâles commencent à lever la cuisse et à être en état d'engendrer.
Le mâle peut s'accoupler en tout temps ;
mais la femelle ne le reçoit que dans des
temps marqués. C'est ordinairement deux
fois par an : la chaleur dure douze, quinze
et même vingt jours ; elle se marque par
des signes extérieurs : les parties de la
génération sont humides, gonflées et pro-
éminentes au dehors ; il y a un petit écoul-
lement de sang tant que dure cette ardeur;
et cet écoulement, aussi bien que le gon-
flement de la vulve, commencent quelques

jours avant l'accouplement. Le mâle sent de loin la femelle dans cet état, et la recherche; mais ordinairement elle ne se livre que six ou sept jours après qu'elle a commencé à entrer en chaleur. Les chiennes portent soixante-trois jours, quelquefois soixante-deux ou soixante-un, jamais moins de soixante. Elles produisent six, sept et même jusqu'à treize petits; mais les premières portées sont toujours moins nombreuses que les autres, comme dans tous les animaux.

L'usage de couper la queue aux chiens d'arrêt vient sans doute de ce que quelques races estimées l'ont naturellement très-courte. Cette opération ne doit jamais se faire avant que les chiens aient les yeux ouverts, et le mieux est de profiter du temps où la mère les allaite encore, quoiqu'elle puisse avoir lieu dans un âge beaucoup plus avancé, puisque j'ai vu couper la queue à des chiens de deux et même de trois ans, sans qu'il en soit jamais résulté aucun accident. Ainsi mutilé, le chien est beaucoup plus brillant dans sa quête, dans ses arrêts, et marque mieux à son maître lorsqu'il rencontre le gibier.

A six semaines ou deux mois, on doit retirer les jeunes chiens de dessous la mère, et autant que possible les faire élever à la campagne, pour les accoutumer à ne pas courir après la volaille et les moutons. Nous indiquerons plus loin la manière de corriger les chiens de ces défauts.

« Il faut qu'un chien d'arrêt soit bien » fait et léger; qu'il soit plus haut du de» vant que des hanches; qu'il ait l'épaule » serrée, le poitrail étroit, le col court et » un peu gros, le nez gros, le pied de lièvre, » c'est-à-dire long, étroit et maigre, ou » bien fort court, mais rond, petit et mai» gre, la côte plate, le rein large; enfin » que le fouet, quand il quête, rase les » jarrets en croisant. Les chiens qui ont » le devant haut et le col court portent le » nez haut et ne fouillent pas, c'est-à-» dire qu'ils ne mettent point le nez à » terre, et sont toujours fort vites. Ces

» chiens conviennent dans les lieux où le
» gibier est rare, parce qu'ils quêtent lé-
» gèrement, battent beaucoup de pays, et
» trouvent par conséquent plus de gibier
» que les chiens pesans. » Mais, quelque
vif que soit un chien, dès qu'il rencontre,
il doit s'arrêter, attendre son maître, et,
d'après son ordre, mener doucement sur la
trace.

Avant de conduire un chien à la chasse,
on doit lui apprendre à revenir près de
son maître au commandement. On y parvient facilement en lui montrant, lorsqu'on l'appelle, quelques friandises qu'on
ne doit jamais manquer de lui donner,
lorsqu'il obéit. S'il ne comprend pas, on
lui met un collier à la boucle duquel pend
un cordeau d'une trentaine de pieds, et
l'on a soin de ne l'appeler que lorsqu'on
peut saisir la laisse. Alors, s'il ne veut pas
venir, après avoir répété l'appel plusieurs
fois de suite, on tire doucement le cordeau, en répétant toujours la formule
adoptée pour appeler le chien; et lorsqu'on

l'a amené près de soi, on le caresse et on lui donne quelque chose à manger. Il est rare que l'on soit obligé de répéter cet exercice plusieurs fois.

Jamais on ne doit battre un chien qui revient sur l'appel de son maître : ainsi, lorsqu'à la chasse il fait quelque faute, il faut aller à lui sans l'appeler, et le châtier, toujours modérément ; car souvent un chien trop battu se rebute, et vient se placer près de son maître, sans vouloir chasser davantage.

On doit aussi habituer le chien à venir se ranger à la suite du chasseur, dès qu'il lui dit *derrière*. Il suffit pour cela, lorsqu'on le mène en laisse, de prononcer ce mot en lui donnant une saccade aussitôt qu'il s'avance, de manière à le rejeter en arrière. Le chien ne tarde pas à se placer de lui-même dès qu'il entend ce commandement.

On apprend facilement à presque tous les chiens à rapporter en jouant; mais beaucoup de chasseurs prétendent, peut-être avec raison, qu'il vaut mieux les faire rapporter de force, parce qu'alors ils n'abandonnent jamais une pièce de gibier. Pour cela on met au chien un collier de force* qui prend juste la grosseur du col et à l'anneau duquel est attaché un cordeau. On a un morceau de bois de la largeur du pouce, et long d'un demi-pied environ, auquel on fait des dents comme à une scie, et que l'on perce de deux trous à chaque bout pour y placer en croix deux petites chevilles grosses comme des plumes à écrire, afin d'élever le bâton à un ou deux pouces, et donner plus de facilité au chien quand il veut le prendre à terre.

On commence par présenter au chien le

* Le collier de force est composé de deux cuirs cousus l'un sur l'autre pour maintenir les têtes des clous qui traversent celui du dedans, et qui, placés sur trois rangs, ont de trois à quatre lignes de longueur. On en fait aussi en fil de fer. Chaque chaînon est garni de deux piquans de deux lignes de longueur. On préfère avec raison ceux-ci aux premiers

bâton, en l'engageant par quelques mots à le prendre : on lui scie les dents de devant, et aussitôt qu'il ouvre la gueule on pousse légèrement le bâton, en lui mettant la main gauche sous la mâchoire pour l'empêcher de le rejeter, pendant qu'on le caresse de la droite. Après le lui avoir ainsi laissé quelque temps, on le lui ôte, et on lui donne quelques friandises pour le récompenser. On recommence, et l'on retire la main qui soutenait la gueule. Si le chien rejette le bâton, on secoue le collier de force, et on le lui fait reprendre, ayant toujours soin de lui prodiguer les caresses aussitôt qu'il fait ce qu'on lui demande. Bientôt il le garde aussi long-temps que l'on veut, et le prend lorsqu'on le lui montre ; alors on s'éloigne un peu de lui, et on lui présente le bâton en lui donnant quelques légères saccades pour l'attirer vers soi : dès qu'il est approché, on lui fait prendre le bâton en lui disant *apporte.* Aussitôt que le chien fait de lui-même un mouvement en avant pour prendre ce qu'on lui présente, on peut être sûr qu'il va rapporter; il ne tarde pas à ramasser le bâton par terre, et à revenir avec lui, pendant qu'on ne cesse de répéter *apporte, apporte*; alors on lui fait rapporter des gants, une peau de lièvre remplie de foin, des perdrix empaillées, etc., pour l'habituer à ne pas avoir la dent dure, défaut que les chiens contractent facilement lorsqu'on leur fait toujours rapporter des morceaux de bois.

Beaucoup de personnes apprennent à leurs chiens à se dresser devant elles en leur tournant le dos pour ne pas les salir avec leurs pattes. Cette méthode étant sujette à plusieurs inconvéniens, je conseille plutôt de faire asseoir le chien pour donner la pièce de gibier : il faut pour cela, lorsqu'il tient quelque chose dans la gueule, appuyer fortement sur sa croupe en disant *sur le cul*; à peine a-t-on besoin de répéter cela deux ou trois fois pour habituer un jeune chien à s'asseoir au commandement.

Lorsque le chien sait revenir à la voix de son maître, et rapporter, on doit lui apprendre à quêter, ayant soin de ne le laisser chasser qu'avec la personne qui le dresse. On mène le chien dans la campagne, faisant attention à prendre le vent, c'est-à-dire à le faire marcher contre le vent, pour que les émanations du gibier lui échappent moins; dès qu'il s'éloigne on lui crie *tourne,* ayant soin de marcher en zig-zag pour lui répéter plus souvent ce commandement, et l'habituer à croiser. S'il continue à percer, c'est-à-dire à quêter droit devant lui, en s'éloignant de son maître, il faut revenir sur ses pas en lui tournant le dos sans rien dire; bientôt le chien s'aperçoit que le chasseur ne suit plus la même route, et revient de suite près de lui; on doit alors le caresser et lui donner quelques friandises. En répétant plusieurs fois cette manœuvre, le chien devient inquiet, ne quête jamais long-temps sans jeter un coup-d'œil du côté de son maître, et s'habitue ainsi promptement à croiser devant lui. On doit surtout empêcher les chiens d'arrêt de quêter en galoppant ; c'est une allure extrêmement désagréable et que n'a jamais un chien bien dressé. On leur fait perdre cette habitude en ayant soin, pendant leur jeunesse, de crier *doucement* toutes les fois qu'ils s'emportent, les grondant ou tout au plus les corrigeant faiblement lorsqu'ils ne veulent pas obéir ; mais si le chien est déjà grand, on a beaucoup de peine pour lui ôter cette allure. On conseille de lui lier une patte de devant avec une de derrière ; ce moyen que je n'ai jamais employé, à la vérité, doit avoir l'inconvénient de donner au chien une autre allure presque aussi désagréable ; je préférerais lui laisser traîner une longe de cuir large de trois ou quatre doigts sur laquelle il marcherait en courant, ce qui le fatiguerait promptement.

On peut dresser un chien pour la chasse en tout temps ; mais cependant on doit préférer le moment de la pariade ; les perdrix étant alors dispersées par couples, le chien rencontre plus fréquemment, et la terre étant découverte, on voit plus facilement le gibier, qui d'ailleurs tient davantage dans cette saison : enfin, la poule ayant à cette époque la tête rase contre terre, tandis que le coq l'a haute et relevée, on peut aisément distinguer les mâles, dont il est essentiel de détruire une partie, parce qu'étant toujours en plus grand nombre que les femelles, ils nuisent souvent à la multiplication en courant plusieurs après la même poule, qui, si elle ne quitte pas le pays, pond en différens endroits sans faire de nid, et par conséquent ne peut couver ses œufs. Pendant les amours la femelle part toujours la première, après ce temps c'est le coq au contraire qui se lève le premier. Mais, lorsqu'on dresse un chien, on doit constamment s'occuper à le modérer; les coups de fusil augmentant au contraire son ardeur, il ne faut tirer qu'à coup sûr et autant que possible les premières fois à terre, sous son arrêt, pour lui mieux faire sentir ce qu'il doit faire. C'est donc pendant la pariade, lorsqu'il a atteint dix mois ou un an, que nous conseillons de mener le chien à la chasse pour la première fois ; et s'il est de pure race, il ne manquera pas d'arrêter dès les premières perdrix qu'il trouvera. Cependant on a vu des chiens d'ordre ne se mettre en chasse et n'arrêter qu'à quinze et même dix-huit mois, et devenir ensuite excellens.

Si le chien n'arrête pas naturellement, un chasseur doit l'abandonner ; il n'y a qu'un garde qui, pour quelque argent, puisse avoir le courage de faire arrêter un chien par force, encore la plupart du temps n'en fera-t-il qu'un mauvais chien qui avec l'âge oubliera ce qu'on lui aura montré pour peu qu'on le laisse quelque temps sans chasser. Quelqu'un qui fait de la chasse un plaisir ne doit pas entreprendre une tâche aussi pénible et aussi ennuyeuse ; d'ailleurs ces chiens ont l'inconvénient d'arrêter de trop court, c'esta-dire , lorsqu'ils sont très-près de la pièce ; en sorte qu'ils ne peuvent jamais marquer un arrêt lorsque le gibier ne tient pas. Cependant nous allons indiquer la manière de faire arrêter un chien au collier de force , persuadés que beaucoup d'individus qui sont attachés à leurs chiens, ne voudront pas suivre le conseil que nous leur donnons ici.

On doit d'abord enchaîner le chien, et ne le détacher que pour lui donner à manger , ne lui permettant de toucher à sa pitance que lorsqu'il l'a gardée. Pour lui apprendre cet exercice , on jette un morceau de pain devant lui , lorsqu'il est bien affamé, et on le retient par la peau du col en criant *tout beau*. Lorsqu'on l'a tenu ainsi pendant quelques instans, on ramasse le pain, et on le lui donne à manger en le caressant. Après avoir répété ainsi plusieurs fois cet exercice , on jette le morceau de pain devant le chien sans le tenir , et en criant seulement *tout beau :* s'il s'élance sur le pain , on le corrige modérément; et bientôt il contracte une telle habitude de garder qu'il ne mange plus qu'après en avoir reçu l'ordre; alors on prend un fusil ou un bâton, et l'on tourne autour de lui en ajustant pendant qu'il est en arrêt, pour l'accoutumer à attendre patiemment qu'on le serve.

En donnant au chien cette leçon, au lieu de ramasser le pain pour le lui faire manger lorsqu'il l'a arrêté, on a généralement coutume de le lui laisser prendre en lui criant *pille*. Je condamne absolument cet usage, et je prétends qu'un chien d'arrêt ne doit savoir piller qu'au marais; encore ne faut-il le lui permettre que lorsqu'il est tout-à-fait dressé, et qu'on est bien sûr que ce mauvais principe ne l'habituera pas à pousser à l'arrêt. En plaine donc, et même au bois, un chien couchant ne doit point piller; car le moindre inconvénient qui en résulte, c'est d'effrayer le gibier qui part en crochetant et très-vite; tandis qu'une pièce arrêtée par le chien, et qu'on fait partir en s'avançant doucement, se lève sans effroi et file droit devant le chasseur qui peut la tirer facilement. Dans une bruyère, un chien, en s'élançant sur des perdrix rouges qu'il aura arrêtées, les fera partir toutes ensemble; au lieu que si le chasseur les avait fait lever lui-même, elles seraient vraisemblablement parties les unes après les autres. D'ailleurs, lorsqu'on dresse un chien au collier de force, c'est parce que son ardeur l'empêche d'arrêter, ou tout au moins de rester ferme à l'arrêt; il faut donc s'abstenir de lui donner une leçon qui le rentre dans son caractère, puisqu'on cherche à le vaincre par l'éducation qu'on lui donne.

Lorsque le chien est ainsi habitué à arrêter, on fait frire dans du sain-doux, avec des vidanges de perdrix, de petits morceaux de pain que l'on place dans un champ, ayant soin de planter à côté un morceau de bois pour reconnaître l'endroit où on les a posés. On va ensuite chercher le chien, auquel on a mis le collier de force avec un cordeau, et on le mène toujours quêtant et à bon vent vers le pain frit. Aussitôt qu'on s'aperçoit qu'il le sent, on crie *tout beau;* et si, au lieu de l'arrêter, il s'élance pour le saisir, on lui donne une saccade; on l'attache pour aller reporter ailleurs le pain frit, et l'on recommence la leçon; mais si le chien, au commandement, s'arrête, après l'avoir fait rester quelques instants, on ramasse le pain et on le lui laisse manger en lui prodiguant les caresses. On substitue au pain frit une perdrix morte, ayant soin, comme nous l'avons déjà dit, de tourner autour du chien avec un fusil, pour lui apprendre à ne pas s'impatienter; et lorsqu'il reste ferme à l'arrêt, on tire sur la perdrix un coup de fusil à demi-charge, et on la lui fait rapporter. Enfin on lâche devant lui une perdrix vivante à laquelle on a coupé une aile; et lorsqu'il l'a bien arrêtée, on la tue sous son nez. Alors on peut le mener à la chasse, ayant soin de tirer à terre les premières pièces qu'il arrêtera.

Nous avons déjà dit que l'on devait mener le chien contre le vent ; mais comme cela n'est pas toujours possible, il arrive quelquefois qu'il pousse et court après les perdrix. Il faut alors remarquer l'endroit d'où elles sont parties ; et lorsque le chien y retourne, ce qu'il ne manque jamais de faire, on lui donne quelques coups de fouet en criant *tout beau*, augmentant la correction s'il retombe dans la même faute.

Il y a des chiens, surtout parmi les épagneuls et les griffons, qui vont à l'eau naturellement, et que même on est quelquefois obligé de retenir ; mais, en général, ils n'y vont que lorsqu'on le leur commande, et qu'on les a dressés à y aller. Pour y parvenir, le chien sachant rapporter, on lui jette un morceau de bois au bord de l'eau, en été, lorsqu'elle est chaude. On l'éloigne un peu plus à chaque fois qu'on le rejette, après que le chien l'a rapporté. S'il ne veut point aller le chercher, on lâche sur l'eau un canard, et l'on tire quelques coups de fusil pour exciter le chien : dès qu'il se met à la nage, on tue le canard d'un coup de fusil, pour qu'il ne puisse échapper au chien, et le décourager. On ne doit jamais jeter un chien à l'eau lorsqu'il refuse d'y aller, dans la crainte de l'en dégoûter pour toujours.

Un chien trop fortement battu quitte quelquefois le chasseur. Voici le moyen de le corriger de ce défaut. Au milieu de la cour, on met à un poteau une chaîne avec un collier, auquel on attache le chien déserteur aussitôt qu'il arrive, et on lui donne une forte correction à coups de fouet. A quelques minutes d'intervalle, on recommence deux ou trois fois. Alors le maître du chien, qui, pendant tout ce temps, a eu soin de ne pas se montrer à lui, vient le détacher en le caressant, et le remène à la chasse.

En faisant élever les jeunes chiens à la campagne, comme nous l'avons conseillé plus haut, ils contractent l'habitude de vivre avec la volaille, et n'y font point attention ; mais les chiens nourris à la ville courent souvent après les poules et même après les moutons. Pour leur faire perdre cette mauvaise habitude, il faut prendre un morceau de bois vert, le fendre en partie, passer la queue du chien dans la fente, et la serrer fortement, en réunissant avec une ficelle les deux côtés séparés. On attache en même temps une poule, près de l'aile, à la queue du chien, que l'on chasse à coups de fouet. La douleur qu'il ressent le force à fuir, et les cris de la poule lui font croire qu'elle est la cause de son mal; en sorte que plus il l'entend crier, plus il se sauve. Il finit enfin par la tuer; et ne l'entendant plus, il vient se réfugier dans la maison : on détache aussitôt le morceau de bois et la poule, avec laquelle on lui donne quelques coups sur la gueule.

Pour empêcher un chien de courir après les moutons, on en prend un très-fort avec lequel on le couple, puis on les chasse le plus long-temps possible à coups de fouet : effrayé par les cris du chien, le mouton l'entraîne, et le charge à coups de tête lorsque la fatigue le force à s'arrêter. Rarement on est obligé d'employer de nouveau ces moyens pour corriger le chien de ces deux défauts.

Tout en reconnaissant qu'il n'est pas nécessaire pour la chasse d'apprendre aux chiens mille petits tours dans lesquels ils font preuve d'adresse ; cependant je suis loin de les condamner ainsi que l'ont fait plusieurs auteurs ; je pense au contraire qu'ils sont plus utiles que nuisibles, surtout pour les chiens, allant rarement à la chasse, qui sont en quelque sorte tenus par là en haleine pour obéir à leur maître ; mais tous ces exercices, dans lesquels les chiens d'arrêt déploient souvent une intelligence égale à celle des barbets les plus rusés, n'ayant pas un rapport immédiat avec la chasse, nous croyons pouvoir nous dispenser d'indiquer la manière de les enseigner.

CHAPITRE III.

Des Maladies des chiens d'arrêt.

Les chiens vivent quatorze ou quinze ans, quelquefois plus, et peuvent chasser jusqu'à dix ou douze ans si l'on a soin de les ménager dans leur jeunesse, et surtout de ne point les mener à la chasse avant qu'ils aient pris toute leur croissance, quoique dans certaines races précoces les individus puissent chasser et arrêter avant cette époque ; mais outre qu'ils durent alors moins long-temps, on a remarqué que l'on avait plus de peine à les sauver de la maladie qui se déclare avec des symptômes beaucoup plus graves que chez les chiens qui n'ont point été fatigués.

Cette maladie, que jusqu'à présent on n'a désignée par aucun nom particulier, attaque généralement les chiens vers la fin de la dentition, quelquefois plus tôt, et presque jamais après qu'ils sont entièrement formés. Pour la guérir on a conseillé une foule de remèdes, plus mauvais les uns que les autres, tels que le sirop de nerprun, le tabac, le staphisaigre, etc., etc. Des observations récentes ayant prouvé que cette maladie était une véritable gastrite, quelquefois une gastro-entérite, le traitement s'est trouvé tout naturellement indiqué. Ayant égard à l'âge et à la force du chien, on doit, dès qu'on le voit triste, refuser la nourriture qu'on lui présente, et vomir des liquides blanchâtres, lui appliquer dix ou douze sangsues sous les aisselles ou au bas-ventre, suivant le caractère de la maladie, le tenir à une diète sévère, lui faisant boire du lait fortement coupé avec de l'eau d'orge légère, ou de l'eau de graine de lin dans laquelle on ajoutera un peu de miel. Des lavemens émolliens avec de l'eau de guimauve ou de graine de lin, produisent les meilleurs effets. Si la maladie résiste, on fera une seconde application de sangsues, on placera sur le bas-ventre des cataplasmes de farine de graine de lin, et l'on passera un séton; mais rarement je me suis vu forcé de recourir à ce dernier moyen de guérison. On doit, pendant long-temps, donner peu à manger aux chiens lorsqu'ils sont guéris, et autant que possible des choses rafraîchissantes, telles que de l'oseille cuite, du laitage, etc., etc.

Les chiens sont sujets à se déchirer l'extrémité des oreilles, ce qui produit des chancres assez difficiles à cicatriser; pour cela on a coutume de les cautériser avec la pierre infernale (nitrate d'argent); mais je suis toujours parvenu plus promptement à les guérir en bassinant la plaie avec de l'eau de guimauve, et en entourant la tête du chien avec un filet pour l'empêcher de secouer ses oreilles, et d'y ramener l'inflammation en les écorchant de nouveau.

Lorsqu'à la chasse un chien est mordu

par une vipère, il faut sur-le-champ faire une incision cruciale sur la morsure, et laver la plaie avec de l'ammoniaque liquide très-concentré, en la faisant saigner le plus possible. On doit aussi faire boire au chien de l'ammoniaque étendu dans de l'eau. La cautérisation avec un fer chauffé au rouge blanc est conseillé par quelques vétérinaires, et je crois ce remède très-bon, lorsqu'on peut en faire usage promptement. C'est aussi le seul moyen d'empêcher la rage de se déclarer chez un chien mordu par un autre chien attaqué de cette horrible maladie ; mais, malgré cette opération, on doit, pendant les six semaines qui suivent l'accident, tenir le chien enchaîné, et ne l'approcher qu'avec précaution. Aussitôt qu'il devient triste, qu'il refuse de manger et tremble à la vue de l'eau, que son poil se hérisse lorsqu'on lui en présente, on peut être sûr que la rage ne tardera pas à se déclarer, et que, si pour prévenir les accidens on ne se décide pas à faire tuer le chien,

il mourra dans des souffrances horribles,
au bout de neuf jours.

Il est très-difficile de guérir la gale, lorsque le chien qui en est attaqué est déjà
avancé en âge; ce n'est qu'à force de soins
et de patience qu'on peut espérer d'y parvenir; mais chez un jeune chien, on ob-
tient assez facilement la guérison en ad-
ministrant à fortes doses la fleur de soufre
à l'intérieur, en en saupoudrant les ali-
mens; et à l'extérieur, en frottant les parties attaquées avec un onguent formé de
fleur de soufre et de suif, exactement
mélangés, et dans lequel on ajoutera un
peu de mercure; ayant soin de tenir le
chien au régime, comme dans toutes les
autres maladies.

CHAPITRE IV.

Des Armes et de l'équipement du chasseur.

Avant l'invention de la poudre, on se servait pour la chasse d'arcs et de flèches, ensuite d'arbalètes. Ce fut sous le règne de François Ier que l'on commença à les remplacer par des armes à feu *. Cependant on conserva encore quelque temps l'arbalète, dont il est fait mention dans l'ordonnance de Henri II, de 1548. Enfin, depuis le règne de Louis XIII, on ne s'est plus servi que du fusil, qui présente le double avantage d'être plus léger que l'arquebuse, et de porter plus loin que l'escopette.

* Il en est parlé pour la première fois sous le titre, d'arquebuse et d'escopette, dans l'ordonnance de 1515

Depuis quelques années, on a imaginé un nouveau système de platine à percussion. Par ce procédé, le feu est mis à la charge du fusil au moyen d'une très-petite quantité de poudre fulminante, dont la détonation s'opère par la percussion d'un marteau qui a remplacé le chien à pierre des anciens fusils. Cette invention présente plusieurs avantages sur l'ancien mécanisme, dont un des plus grands est bien certainement l'extrême promptitude avec laquelle le coup part, sans que le chasseur soit gêné par la fumée de l'amorce. En outre, avec un peu de soin, les fusils à poudre fulminante ne ratent jamais; ils partent en tout temps, malgré le vent, l'humidité, les brouillards, même les pluies les plus violentes. Il faut seulement s'assurer que la poudre arrive à la lumière, et appuyer légèrement le chien sur l'amorce, pour que la poudre fulminante porte sur la cheminée. Ces fusils sont promptement chargés, et s'amorcent facilement, tandis que les fusils à pierre sont très-incommodes sous ce dernier rapport, lorsqu'il fait du vent, surtout si l'on n'a point d'amorçoir ; ils consomment moins de poudre ; enfin il paraît prouvé que les accidens sont moins fréquens à la chasse depuis que l'on en fait usage. Il est donc probable que dans quelques années les fusils à pierre seront entièrement abandonnés, et la facilité que l'on a de les faire mettre à percussion ne contribuera pas peu à opérer cette révolution dans les armes de chasse.

M. Pauly est, je crois, le premier qui imagina d'employer la poudre fulminante pour amorcer les fusils. Bientôt après, comme il arrive toujours en France, la plupart des armuriers eurent des systèmes de fusils à piston. Celui que l'on amorçait avec des boulettes de cire renfermant la poudre fulminante, eut d'abord du succès ; mais on trouva bientôt de grands inconvéniens dans ces amorces, qu'on abandonna pour celles renfermées dans des capsules de cuivre, système généralement adopté aujourd'hui. Pour prouver combien ces fusils sont répandus maintenant, il suffira de dire que la seule fabrique d'amorces établie par M. Belot, rue du Cimetière-Saint-Nicolas, n° 7, en livre chaque jour au commerce plus de deux cents milliers, et qu'elle ne peut suffire aux commandes qui lui sont faites. Un système très-ingénieux était celui de M. Potet, dans lequel le fusil ayant un magasin rempli de poudre fulminante, il suffisait de l'armer pour l'amorcer; mais la crainte de voir le feu prendre au magasin l'a fait abandonner promptement.

La charge du fusil doit être proportionnée à la longueur du canon et à la force du calibre : chaque chasseur doit connaître celle nécessaire à l'arme dont il fait usage; mais, en général, on conseille de mettre peu de plomb. Si le fusil repousse, il faut diminuer la charge de poudre, car c'est une preuve qu'elle est trop forte, et doit faire écarter le plomb. Les meilleures bourres sont celles faites avec du papier brouillard, ou à l'emporte-pièce avec du buffle épais et dur. Quelques personnes en font aussi avec du carton très-mince; mais lorsqu'on s'en sert, il faut apporter plus d'attention en chargeant le fusil, et diminuer d'un tiers la charge ordinaire de poudre.

La force de la poudre provenant de la dilatation de l'air renfermé dans chaque grain, et dans les espaces qui sont entre ces grains lorsqu'elle est dans le canon du fusil, on doit se borner à la presser fortement; car, au lieu d'augmenter son effet, on le diminue lorsqu'on bourre avec violence. On doit également éviter de bourrer le plomb, parce qu'on a remarqué que cela le faisait beaucoup trop écarter.

La bonne poudre ne doit pas noircir la main lorsqu'on l'y écrase. Enflammée sur un morceau de papier blanc, elle ne doit point le brûler, mais seulement y laisser une trace couleur gris de perle. Si elle noircit le papier, elle contient trop de charbon; si elle y laisse des taches jaunes, elle contient trop de soufre ; enfin, les grains blancs que l'on y trouve quelquefois indiquent que la poudre a été mal façonnée, ou le salpêtre mal raffiné.

A l'ouverture des chasses, on peut se servir de plomb des numéros sept et cinq, si l'on fait usage de deux grosseurs ; mais si l'on veut n'en employer qu'un, le numéro six est un excellent plomb, convenant à toutes sortes de gibier. Ces numéros sont pris d'après les dénominations usitées à Paris, où le plus gros plomb porte le numéro un. Mais on doit augmenter la grosseur du plomb dans l'arrière-saison ; et la poudre étant plus forte lorsqu'elle est bien sèche, on doit en mettre davantage dans les temps humides. Enfin il faut recharger aussitôt après avoir tiré, pour prévenir l'humidité que la poudre brûlée attire d'une manière extraordinaire.

De tous les objets nécessaires au chasseur, celui qui demande le plus d'attention dans son choix, est sans contredit le canon du fusil, puisque sa mauvaise qualité peut compromettre l'existence de celui qui s'en sert. Aujourd'hui, les canonniers apportent le plus grand soin en essayant leurs canons avant de les livrer aux armuriers ; et en ne mettant pas de surcharge, on ne court aucun risque. Cependant les canons en damas offrent plus de garantie que ceux à rubans ; ceux-ci que les canons tordus ; et enfin ces derniers que les canons ordinaires. Ceux de Paris passent pour être faits en fer très-malléable, et par cela même moins sujets à éclater que ceux dont le fer est plus aigre ; mais leur prix élevé empêche beaucoup de personnes d'en faire usage, et c'est la fabrique de Saint-Etienne qui est en possession de fournir d'armes la plupart des chasseurs de France, le bas prix de la main-d'œuvre lui permettant de livrer à bien meilleur marché ses produits, dont la qualité et le fini sont d'ailleurs généralement reconnus.

Un chasseur doit laver fréquemment le canon de son fusil, la crasse qui s'y amasse diminuant beaucoup sa portée. Rien n'est plus commode pour cela que la baguette à laver, avec une tête de cuivre dentelée dans tous les sens et garnie de chiffons, que l'on change jusqu'à ce que le canon étant parfaitement net, l'eau en sorte aussi limpide qu'elle était en y entrant. On doit alors essuyer le canon en y passant de nouveaux chiffons bien secs, jusqu'à ce qu'il n'y reste plus aucune humidité. Il faut ensuite avoir le soin de démonter, avec le tournevis évidé, les cheminées des fusils à percussion, pour essuyer exactement le pas des vis, que l'on doit huiler légèrement avant de les remettre en place, ainsi que tout l'extérieur du fusil, surtout si l'on chasse par un temps humide.

Les baguettes à laver en bois, divisées en trois ou quatre morceaux, sont celles que l'on doit préférer ; on peut aussi faire usage de celles en cuivre ; mais il ne faut jamais employer celles en fer, qui ont l'inconvénient d'user par le frottement le haut du canon.

Pour compléter son équipement un chasseur doit avoir : 1° une carnassière ; celles dites à l'allemande sont infiniment préférables à celles que l'on nomme *à la française*, parce qu'elles sont plus généralement adoptées en France ; les avantages qu'elles présentent sont de fatiguer beaucoup moins le chasseur, la bandoulière qui les suspend ne passant point sur la poitrine ; d'être moins gênantes lorsque l'on est obligé de courir ou de franchir un fossé ; de mettre l'arme à l'abri de la pluie et du brouillard, avantage immense pour les personnes qui se servent du fusil à pierre, et encore très-grand même avec les fusils à percussion dont l'humidité endommage toujours les batteries, quoiqu'elle ne puisse pas empêcher l'explotion ; d'être plus commodes pour le chasseur qui n'a que le tablier de cuir à soulever pour trouver sous sa main ce qui lui est nécessaire pour charger son fusil, l'essuyer, etc. ; enfin, de mieux conserver le gibier tué, quoique l'on soit généralement persuadé du contraire. Malgré cela peu de personnes en font usage. On donne pour raison que ces carniers sont beaucoup plus lourds et plus échauffans que les autres; mais la crainte du ridicule qui s'attache toujours chez nous aux choses que l'on est peu accoutumé à voir, est bien plutôt ce qui empêche beaucoup de chasseurs de s'en servir.

La carnassière à la française doit avoir plusieurs poches en cuir pour placer les différens objets nécessaires à la chasse, et séparées du double filet destiné à recevoir le gibier : le tout doit être recouvert par un tablier en peau de veau marin: quelques-unes sont garnies d'une espèce d'étui en cuir pour mettre le fusil à l'abri en cas de pluie.

2° Une poire à poudre : celles en cuivre bronzé, et à pompe graduée sont plus simples et plus solides que celles dites à ressort caché, ou a coude ; beaucoup moins coûteuses que celles à la Gosset, et plus commodes que celles dont la tête s'enlève et sert pour mesurer la poudre.

3° Un sac à plomb : on en fait maintenant qui, passant en bandoulière sur l'épaule gauche, sont extrêmement commodes, et avec lesquels on charge très-vite ; mais il faut les prendre simples, et avoir un second sac dans sa carnassière si l'on veut se servir de deux sortes de plomb, ceux qui sont doubles étant très-fatigans pendant les grandes chaleurs. La tête de cette espèce de sac, dans laquelle la mesure qui sert à mettre le plomb dans le fusil, se remplit aussitôt qu'elle reprend sa place, est peut-être la chose la plus ingénieuse qu'on ait inventée pour la commodité des chasseurs, et doit être préférée à celle dite à couteau qui, comme elle, est d'origine anglaise.

4° Un amorçoir à pompe est très-utile lorsqu'on se sert de fusil à pierre ; ceux de Chominot pour les fusils à capsules de cuivre sont aussi très-commodes pendant l'hiver, lorsque les doigts engourdis par le froid ont de la peine à placer les amorces sur les cheminées.

Le fouet, la bouteille garnie d'osier ou de cuir bouilli, ainsi que la tasse de chasse, etc, etc., sont des objets dont un chasseur doit se pourvoir suivant le besoin. Le premier de ces articles surtout est nécessaire, quelque sûr que l'on soit de son chien.

On a imaginé de réunir sur une monture en fer ou en cuivre tous les objets dont on a besoin pour l'entretien du fusil. Nous allons donner la liste des pièces qui composent ce nécessaire de chasse, dont plusieurs, à la vérité, ne sont point indispensables, mais sont au moins extrêmement commodes :

1° Une baguette à laver ;

2° Un tirebourre ;

3° Une brosse de crin pour nettoyer les batteries ;

4° Un goupillon en crin pour laver le canon ;

5° Une tête de cuivre pour passer les chiffons dans le canon ;

6° Une éponge pour passer dans le canon lorsqu'il est essuyé ;

7° Un grattoir pour enlever les parcelles de plomb qui s'attachent aux parois intérieures du canon, et qui contribuent beaucoup à diminuer la portée du fusil ;

8° Un tournevis ;

9° Un tournevis évidé pour démonter les cheminées des fusils à percussion ;

10° Un godet renfermant de l'huile de pied de bœuf pour l'intérieur des batteries ;

11° Un monte ressort ;

12° Une épinglette.

CHAPITRE V.

De la Chasse au chien d'arrêt.

Il est bien difficile de tracer une règle de conduite pour la chasse, les dispositions devant à chaque instant varier, suivant la nature du terrain, le vent, les obstacles que l'on rencontre, etc., etc. Cependant nous allons essayer de poser quelques principes, desquels on ne doit s'écarter qu'en cas de circonstances fortuites, impossibles à prévoir; et nous ajouterons quelques observations que nous avons été à même de faire ou de vérifier pendant les nombreuses parties de chasse où nous nous sommes trouvés.

La chasse au chien d'arrêt peut se diviser en trois classes : la chasse en plaine, au bois, et au marais. La première n'offre guère de chance de succès qu'à l'ouverture des chasses ; plus tard les perdreaux, devenus forts, se font mener long-temps, et finissent toujours par partir de trop loin pour qu'on puisse les tirer. Ce n'est que par hasard qu'on peut en surprendre quelques-uns qui se trouvent séparés des compagnies par suite de blessures ou d'autres accidens. Alors on ne peut plus espérer que sur le lièvre, le lapin, et, dans quelques pays, sur le passage des cailles, lorsqu'elles quittent nos contrées. Au bois, au contraire, le perdreau se laisse toujours approcher de plus près et pendant bien plus long-temps ; et lorsque, à force d'avoir été chassé, il devient trop fuyard pour qu'on puisse le joindre, les bécasses viennent le remplacer, et fournir un nouvel aliment à l'activité du chasseur. Enfin la chasse au marais est celle où l'on peut goûter le plus de plaisir, par la variété et la quantité de gibier qu'elle présente. Le chasseur habile y trouve l'inégale bécassine pour exercer son adresse, tandis que le vol lent et pesant du râle et de la poule d'eau laisse à celui qui commence l'espoir de remplir sa carnassière. Mais cette chasse, pour laquelle, au premier abord, un choupille semble devoir suffire, est celle au contraire qui demande les chiens les plus sûrs et les mieux dressés.

Au commencement de cet ouvrage, nous avons déjà dit que le griffon était le véritable chien de marais : son goût naturel pour l'eau, dont le défend le poil aigre qui le couvre, le rend, plus qu'aucun autre, propre à la chasse du gibier d'eau ; cependant les autres races de chiens d'arrêt peuvent également y réussir. L'épagneul se plaît dans l'eau presqu'autant que le griffon, et le braque, qui généralement a beaucoup de nez, devient excellent pour cette chasse, lorsqu'on est parvenu à vaincre sa répugnance pour l'eau. Au reste, de quelque race que soit le chien qu'on veut dresser pour le marais, on ne doit jamais l'y faire chasser que lorsqu'il est parfaitement sûr pour la plaine.

Dès qu'en chassant on arrive dans un endroit où se trouve de la bécassine, un chien bien dressé doit venir se placer à quelques pas devant son maître, et ne jamais s'écarter. On bat ainsi tout le marais, et lorsqu'il n'y a plus de bécassine, le chien peut s'éloigner davantage, fouillant les buissons et les roseaux, pour découvrir les râles, les poules d'eau, les canards, et tous les autres gibiers pesans qui s'y sont retirés. Il doit les arrêter jusqu'à ce que le chasseur soit près de lui; alors, sur son commandement, il s'élance pour les forcer à s'enlever, ce qu'ils ne feraient jamais, surtout les râles, si le chien les menait doucement comme des perdreaux dans la plaine. Au contraire, il ne doit point pousser après avoir arrêté une bécassine, lors même que le chasseur trompé par l'opiniâtreté de la pièce à ne pas partir, et croyant son chien en arrêt sur un tout autre gibier, lui donnerait l'ordre de piller. On conçoit combien, avec de pareilles leçons, il serait facile de gâter

... chien qui ne serait point par........
sûr à l'arrêt, et quelle intelligence il doit
avoir pour distinguer le gibier qu'il faut
pousser, de celui sur lequel il doit rester
ferme à l'arrêt.

A ces qualités indispensables pour un
chien de marais, s'en joint une autre
presque aussi nécessaire : celle de savoir
plonger. Sans elle, les chiens les plus rusés laissent échapper beaucoup de pièces
blessées, dont le nombre est souvent con-
sidérable lorsqu'on chasse la bécassine,
que l'on tire presque toujours de loin et
avec de très-petit plomb. Il est donc essentiel d'apprendre au chien à plonger,
après l'avoir habitué à l'eau ; et voici com-
ment on doit s'y prendre. Lorsque le chien
est affamé, on attache un morceau de
pain à une pierre assez lourde pour le
tenir au fond de l'eau. Après l'avoir fait
sentir au chien, on le jette dans une eau
transparente, et seulement assez profonde
pour le couvrir. Lorsque le chien l'a pris
et rapporté, après lui en avoir donné une

partie, on rejette le reste dans un endroit un peu plus creux, et l'on augmente ainsi la profondeur de l'eau jusqu'à ce que le chien soit entièrement habitué à plonger.

Lorsque plusieurs chasseurs vont de compagnie, ils doivent tous se placer sur une même ligne, à trente ou quarante pas de distance, ayant soin de s'arrêter dès qu'un d'entre eux a eu occasion de tirer, pour lui donner le temps de recharger, et ne pas rompre la ligne en le laissant en arrière. Seulement, lorsqu'on longe un bois, il est bon que celui qui se trouve placé sur la lisière se tienne à une vingtaine de pas en avant des autres ; ce qui le met à même de tirer le gibier qu'on lève dans la plaine, et qui cherche toujours à gagner le bois. Mais cela ne doit pas avoir lieu lorsque, ce qui arrive le plus souvent, on ne bat la plaine que pour jeter le gibier dans les remises, où l'on peut le tirer plus facilement.

Lorsqu'on chasse au bois, il est encore plus essentiel de se tenir bien en ligne, de ne s'éloigner les uns des autres que d'une quinzaine de pas, et de siffler de temps en temps, ou de faire quelque léger bruit pour bien connaître la position de ses voisins et leur indiquer la sienne. Les accidens sont si fréquens, surtout dans cette chasse, qu'on ne saurait prendre trop de précautions pour les prévenir.

On doit toujours marcher contre le vent, excepté lorsque l'on chasse la bécassine, que l'on approche beaucoup plus, et qui est bien plus facile à tirer lorsqu'on va sur elle avec le vent.

Une pièce appartient toujours à celui qui peut l'arrêter; mais, pour éviter les discussions qui s'élèvent trop fréquemment à la chasse, on doit toujours laisser filer une pièce sur le coup de fusil d'un autre chasseur, et ne la tirer que lorsqu'on est bien sûr qu'elle n'est point blessée, ou du moins qu'elle ne l'est que trop légèrement pour ne pas être perdue; encore ne doit-on le faire que lorsque le tireur est de connaissance.

On ne doit jamais aller tirer à l'arrêt du chien d'un autre chasseur, à moins que le maître n'y invite.

On ne doit jamais aller à la remise d'une perdrix levée par un chasseur étranger à la compagnie dans laquelle on se trouve.

Lorsqu'une pièce part, il ne faut pas se hâter de la tirer, mais la regarder filer quelques instans, et ensuite ajuster promptement.

Avec les fusils à pierre, il faut tirer à la tête une pièce qui passe en travers à vingt-cinq ou trente pas ; à un demi-pied en avant à quarante-cinq ou cinquante pas ; mais avec les fusils à percussion, le coup étant instantané, il suffit de tirer à plein corps, si c'est une perdrix, à l'épaule, si c'est un lièvre.

Une perdrix qui, après le coup de fusil, s'élève perpendiculairement, est blessée dans la tête : il faut la suivre des yeux avec attention, car on la trouve morte à l'endroit où elle est tombée.

Un lièvre qui, après avoir été tiré, sort

du bois , ou, sans y être forcé par quelq...
obstacle , descend une côte au lieu de la
monter, est dangereusement blessé.

Lorsque l'on tue le père et la mère, dans
une compagnie de perdrix, on peut facilement détruire les perdreaux, qui, n'ayant
plus de conducteurs, se dispersent et partent l'un après l'autre des endroits où ils
se sont cachés.

CHAPITRE VI.

Termes usités à la chasse au chien d'arrêt.

ALLER A PIED : Se dit d'une perdrix qui marche.

ARRÊTER : Se dit d'un chien qui reste immobile lorsqu'il sent une pièce de gibier.

AVANT-RIZ : Dans quelques pays on désigne ainsi les chaumes d'avoine.

BARTAVELLE : Variété de perdrix rouge.

BATTRE UN TERRAIN : C'est le parcourir dans tous les sens pour faire lever le gibier qui s'y trouve.

BOUQUIN : Vieux lièvre.

BRAQUE : Chien d'arrêt à poil raz.

CAPUCIN : Terme familier pour désigner un vieux lièvre.

CAILLE

CHIFFON : On dit qu'une pièce fait le chiffon lorsqu'elle tombe sans mouvement et comme en lambeaux.

CHOUPILLE : Mauvais chien qui ne fait que pointer sur le gibier, et s'élance aussitôt après pour le faire lever.

COQ : On désigne ainsi le mâle dans les faisans et les perdrix.

COUP DU ROI : Tirer une perdrix au coup du Roi, c'est la tirer au moment où, venant vers le chasseur, elle se trouve au-dessus de sa tête.

DÉMONTER UN OISEAU : C'est lui casser une aile.

ÉPAGNEUL : Chien d'arrêt à longues soies.

FAUX ARRÊTS : Temps d'arrêt que marque le chien sur les endroits où était le gibier.

FER-A-CHEVAL : Marque brune placée sur la poitrine des mâles de perdrix grises.

FOUANASSES : Terrain en friche couvert de grandes herbes desséchées.

FOUET : Nom qu'on donne à la queue des chiens de chasse.

Fouet (de l'aile) : Extrémité de l'aile.

Fouiller : Se dit d'un chien qui chasse le nez à terre.

Fusée (faire la) : Se dit d'une pièce qui s'élève perpendiculairement.

Gîte : Lieu où le lièvre se retire pendant le jour.

Griffon : Chien d'arrêt à poil aigre, hérissé et à longue barbe.

Guéret : Champ labouré et non ensemencé.

Halbran : Jeune canard sauvage.

Halbrener : Chasser aux halbrans.

Hase : Femelle du lièvre et du lapin.

Jugé (tirer au) : C'est tirer sans ajuster la pièce à l'endroit où l'on présume qu'elle va passer. Dans les bois on est presque toujours obligé de tirer ainsi le lapin.

Lapereau : Jeune lapin.

Lever (se) : Se dit d'une pièce de gibier qui part devant le chasseur.

Levraut : Jeune lièvre.

Maillé : Se dit d'un perdreau dont les flancs sont couverts de plumes marquées de taches brunes, ce qui arrive à trois mois.

Mener : C'est lorsqu'un chien, après avoir rencontré (*Voyez* ce mot), suit doucement la trace d'une pièce, marquant par de courts arrêts tous les endroits où elle s'est arrêtée. On ne doit jamais laisser mener le lièvre ni le lapin par un chien d'arrêt.

Pariade : Réunion de deux perdrix mâle et femelle.

Percer : On dit qu'un chien perce lorsqu'il quête droit devant lui en s'éloignant de son maître.

Perdreau : Jeune perdrix.

Piéter : Se dit d'une perdrix qui marche.

Piller : C'est lorsqu'un chien se précipite sur le gibier après l'avoir arrêté.

Pister : C'est lorsqu'un chien en menant une pièce la suit de si près qu'il semble au moment de la saisir.

Poule : On désigne ainsi la femelle du faisan et quelquefois de la perdrix.

Quêter : Se dit d'un chien qui bat la

campagne devant son maître pour découvrir le gibier.

RAPPELER : Se dit des perdrix qui, séparées, s'appellent pour se réunir.

RAZER (se) : Se dit d'un lièvre qui, poursuivi par les chiens, se cache momentanément dans un lieu où il n'a pas l'intention de rester.

RECOQUÉE : Seconde couvée de perdrix.

REMISE : Lieu où le gibier se réfugie lorsqu'on le chasse.

RENCONTRER : On dit qu'un chien rencontre lorsqu'il commence à sentir la trace d'une pièce de gibier, ce qu'il indique en agitant sa queue.

TENIR : On dit que le gibier tient lorsqu'il se laisse approcher.

TOUT-BEAU : Mot dont on se sert pour soutenir un chien à l'arrêt.

TROIS-QUARTS : Levraut de six mois.

CHAPITRE VII.

Du Gibier que l'on chasse au chien d'arrêt.

DU LIÈVRE.

LES lièvres multiplient beaucoup; ils sont en état d'engendrer en tous temps et dès la première année de leur vie. Les femelles ne portent que trente ou trente-un jours; elles produisent trois ou quatre petits; et dès qu'elles ont mis bas, elles reçoivent le mâle.

Les petits ont les yeux ouverts en naissant. La mère les allaite pendant vingt jours, après quoi ils s'en séparent et trouvent leur nourriture d'eux-mêmes; ils ne s'écartent pas beaucoup les uns des autres, ni des lieux où ils sont nés : cependant ils vivent solitairement, et se forment chacun un gîte à une petite distance comme de soixante à quatre-vingts pas. Ainsi, lorsque l'on trouve un jeune levraut dans un endroit, on est presque sûr d'en trouver encore un ou deux autres aux environs. Ils paissent pendant la nuit plutôt que pendant le jour; ils se nourrissent d'herbes, de racines, de feuilles, de fruits, de graines, et préfèrent les plantes dont la sève est laiteuse; ils rongent même l'écorce des arbres, pendant l'hiver.

Ils dorment ou se reposent au gîte pendant le jour, et ne vivent pour ainsi dire que la nuit : c'est pendant la nuit qu'ils se promènent, qu'ils mangent, qu'ils s'accouplent. On les voit, au clair de la lune, jouer ensemble, sauter, courir les uns après les autres ; mais le moindre bruit suffit pour les troubler, ils fuient, et fuient chacun d'un côté différent.

Les lièvres paraissent avoir les yeux mauvais; ils ont, comme par dédommagement, l'ouïe très-fine. Comme ils ont les jambes de devant beaucoup plus courtes que celles de derrière, il leur est plus commode de courir en montant qu'en descendant ; aussi, lorsqu'ils sont poursuivis, commencent-ils toujours par gagner la montagne. Leur mouvement, dans leur course, est une espèce de galop ; ils marchent sans faire aucun bruit, parce qu'ils ont les pieds couverts de poils, même par-dessous.

Les lièvres ne vivent que sept ou huit ans au plus, et prennent presque tout leur accroissement en un an. Ils passent leur vie dans la solitude et le silence, et l'on n'entend leur voix que quand on les saisit avec force, qu'on les tourmente ou qu'on les blesse.

En général, le lièvre ne manque pas d'instinct pour sa propre conservation, ni de sagacité pour échapper à ses ennemis ; il se forme un gîte ; il choisit, en hiver, les lieux opposés au midi, et en été, il se loge au nord ; il se cache, pour n'être pas vu, entre des mottes qui sont de la couleur de son poil. On a vu des lièvres traverser des étangs, des rivières, se cacher au milieu des troupeaux , s'élancer sur des pans de vieilles murailles , etc., etc., pour dépister les chiens qui les poursuivaient ; mais leurs ruses ordinaires sont moins fines et moins recherchées : ils se contentent, lorsqu'ils sont lancés et poursuivis, de courir rapidement , et ensuite de tourner et retourner sur leurs pas. Les femelles ne s'éloignent pas tant que les mâles et tournent davantage. En général, tous les lièvres qui sont nés dans l'endroit où on les chasse ne s'en écartent guère ; ils reviennent au gîte ; et si on les chasse deux jours de suite, ils font le lendemain les mêmes tours et détours qu'ils ont faits la veille. Lorsqu'un lièvre va droit et s'éloigne beaucoup du lieu où il a été lancé , c'est une preuve qu'il est étranger. Les femelles sont plus grosses que les mâles , et cependant ont moins de force et d'agilité , et plus de timidité ; car elles n'attendent pas au gîte les chiens de si près que les mâles.

Les lièvres de montagnes sont plus

grands et plus gros que les lièvres de plaines ; ils sont aussi de couleur différente :
ceux de montagne sont plus bruns sur
le corps, et ont plus de blanc sous le cou
que ceux de plaine, qui sont presque
rouges.

Le lièvre se tient volontiers, en été, dans
les champs, en automne dans les vignes,
et en hiver dans les buissons ou dans les
bois. Il se laisse ordinairement approcher
de fort près, surtout si l'on ne fait pas
semblant de le regarder, et si, au lieu
d'aller directement à lui, on tourne obli-
quement pour l'approcher. Lorsqu'il y a
de la fraîcheur dans l'air, par un soleil
brillant, et que le lièvre vient de se gîter
après avoir couru, la vapeur de son corps
forme une petite fumée que les chasseurs
aperçoivent de fort loin, si leurs yeux
sont accoutumés à cette observation.

DU LAPIN.

La fécondité du lapin est encore plus

grande que celle du lièvre. Ces animaux peuvent engendrer et produire à l'âge de cinq ou six mois ; la femelle est presque toujours en chaleur, ou du moins en état de recevoir le mâle ; elle porte trente ou trente-un jours, et produit quatre, cinq, six, et quelquefois huit, et même neuf petits, qu'elle allaite pendant plus de six semaines.

Les lapins vivent huit ou neuf ans. Comme ils passent la plus grande partie de leur vie dans leurs terriers, où ils sont en repos et tranquilles, ils prennent un peu plus d'embonpoint que les lièvres ; leur chair est aussi fort différente par la couleur et par le goût : celle des jeunes lapereaux est très-délicate, mais celle des vieux lapins est toujours sèche et dure.

DE LA PERDRIX GRISE.

Les perdrix grises ont l'instinct plus social entre elles que les rouges ; car chaque famille vit toujours réunie en une seule bande, qu'on appelle volée ou compagnie, jusqu'au temps où l'amour qui l'avait formée la divise pour en unir les membres plus étroitement deux à deux ; celles même dont, par quelque accident, les pontes n'ont pas réussi, se rejoignant ensemble et aux débris des compagnies qui ont le plus souffert, forment, sur la fin de l'été, des compagnies souvent plus nombreuses que les premières, et qui subsistent jusqu'à la pariade de l'année suivante.

Ces oiseaux se plaisent dans les pays à blé, et surtout dans ceux où les terres sont bien cultivées et marnées. Les perdrix grises aiment la pleine campagne, et ne se réfugient dans les taillis et les vignes que lorsqu'elles sont poursuivies par le chasseur ou par l'oiseau de proie ; mais jamais elles ne s'enfoncent dans les forêts. Elles commencent à s'apparier dès la fin de l'hiver, après les grandes gelées, c'est-à-dire que chaque mâle cherche alors à s'assortir avec une femelle. Lorsque les perdrix sont une fois appariées, elles ne se quittent plus. Quelquefois, lorsqu'après la pariade il survient des froids un peu vifs, toutes ces paires se réunissent et se reforment en compagnies.

Les perdrix grises ne s'accouplent guère que sur la fin de mars, plus d'un mois après qu'elles ont commencé à s'apparier, et elles ne se mettent à pondre que dans les mois de mai et même de juin, lorsque l'hiver a été long. Elles pondent ordinairement de quinze à vingt œufs, et quelquefois jusqu'à vingt-cinq. Les secondes couvées, que les perdrix de bon âge recommencent lorsque la première n'a pas réussi, et qu'on appelle en certains pays des *recoquées*, sont beaucoup moins nombreuses. La durée de l'incubation est d'environ trois semaines. Le mâle qui n'a point pris de part au soin de couver les œufs, partage avec la mère celui d'élever les petits : ils les mènent en commun, les appellent sans cesse, leur montrent la nourriture qui leur convient. Un chasseur qui aime la conservation du gibier se détermine difficilement à les troubler ; mais enfin, si un chien s'emporte et qu'il les approche de trop près, c'est toujours le mâle qui part le premier, en poussant des cris particuliers, réservés pour cette seule circonstance ; il ne manque guère de se poser à trente ou quarante pas, et on en a vu plusieurs fois revenir sur le chien en battant des ailes. On a vu le mâle, après s'être présenté, prendre la fuite, mais fuir pesamment et en traînant l'aile, comme pour attirer l'ennemi par l'espoir d'une proie facile ; et, fuyant toujours assez pour n'être pas pris, mais pas assez pour le décourager, il l'écarte de plus en plus de la couvée. D'autre côté, la femelle, qui part un instant après le mâle, s'éloigne beaucoup plus et toujours dans une autre direction. A peine s'est-elle abattue qu'elle revient sur-le-champ, en courant le long des sillons, et s'approche de ses petits, qui se sont blottis, chacun de son côté, dans les herbes et dans les feuilles ; elle le rassemble promptement, et avant que le chien, qui s'est emporté après le mâle, ait eu le temps de revenir, elle les a déjà emmenés fort loin, sans que le chasseur ait entendu le moindre bruit.

Les perdreaux ont les pieds jaunes en naissant; cette couleur s'éclaircit ensuite et devient blanchâtre, puis elle brunit, et enfin devient tout-à-fait noire dans les perdrix de trois ou quatre ans. C'est un moyen de connaître toujours leur âge; on le connaît encore à la forme de la dernière plume de l'aile, laquelle est pointue après la première mue, et qui, l'année suivante, est entièrement arrondie.

Ce n'est qu'après trois mois passés que les jeunes perdreaux poussent le rouge; car les perdrix grises ont aussi du rouge à côté des tempes, entre l'œil et l'oreille, et le moment où ce rouge commence à paraître est un temps de crise pour ces oiseaux : cette crise annonce l'âge adulte. Après qu'elle est passée, ils deviennent robustes, commencent à avoir de l'aile, à partir tous ensemble, à ne se plus quitter, et si l'on est parvenu à disperser la compagnie, ils savent se réunir, malgré les précautions du chasseur : c'est en se rappelant qu'ils se réunissent. Tout le monde connaît le chant de la perdrix, qui est fort peu agréable ; c'est moins un chant ou un ramage qu'un cri aigu, imitant assez bien le bruit d'une scie. Le chant du mâle ne diffère de celui de la femelle qu'en ce qu'il est plus fort et plus traînant. Le mâle se distingue encore de la femelle par un éperon obtus qu'il a à chaque pied, et par une marque noire, en forme de fer à cheval, qu'il a sous le ventre. Quelques femelles avancées en âge ont aussi cette marque mais beaucoup moins prononcée.

L'espace sans plumes qui est entre l'œil et l'oreille est d'un rouge plus vif dans le mâle que dans la femelle.

Comme il naît plus de mâles que de femelles, il importe, pour la réussite des couvées, de détruire les mâles surnuméraires, qui ne font que troubler les paires assorties et nuire à la propagation. La manière la plus usitée de les prendre, c'est de les faire rappeler, au temps de la pariade, par une femelle à qui, dans cette circonstance, on donne le nom de *chanterelle* : la meilleure pour cet usage est celle qui a été prise vieille. Les mâles accourent à sa voix, et se livrent aux chasseurs, ou donnent dans les piéges qu'on leur a tendus. Cet appareil naturel les attire si puissamment, qu'on en a vu venir sur le toit des maisons et jusque sur l'épaule de l'oiseleur.

Les perdrix grises sont oiseaux sédentaires qui non-seulement restent dans le même pays, mais qui s'écartent le moins qu'ils peuvent du canton où ils ont passé leur jeunesse, et qui y reviennent toujours.

DE LA PERDRIX ROUGE.

Les perdrix rouges se tiennent sur les montagnes qui produisent beaucoup de bruyère et de broussailles, où elles se font chercher long-temps par le chasseur, et partent difficilement. Elles volent pesamment et avec effort comme font les grises, et on peut les reconnaître de même, sans les voir, au seul bruit qu'elles font avec leurs ailes en prenant leur volée. Leur instinct est de plonger dans les précipices lorsqu'on les surprend sur les montagnes, et de regagner les ommet quand on va à la remise ; dans les plaines elles filent droit et avec roideur : lorsqu'elles sont poussées vivement elles se réfugient dans les bois, se perchent même sur les arbres, et se terrent quelquefois, ce que ne font point les grises.

Les perdrix rouges diffèrent encore des grises par le naturel et les mœurs ; elles sont moins sociales : à la vérité elles vont par compagnies ; mais il ne règne pas dans ces compagnies une union parfaite : quoique nées, quoiqu'élevées ensemble les perdrix rouges se tiennent plus éloignées les unes des autres ; elles ne partent point ensemble, ne vont pas toutes du même côté, et ne se rappellent pas ensuite avec le même empressement, si ce n'est au temps de l'amour, et alors chaque paire se réunit séparément : enfin lorsque cette saison est passée et que la femelle est occupée à couver, le mâle la quitte et la laisse seule chargée du soin de la famille. Elle pond de huit à seize œufs.

DE LA CAILLE.

Les cailles arrivent en France dans la première quinzaine de mai, et s'en vont à la première gelée d'automne. Ce sont des oiseaux lourds, qui volent très-peu et presque malgré eux, ne prenant l'essor que lorsqu'ils sont tout-à-fait pressés par les chiens ou par les chasseurs. Cette pesanteur, cette difficulté à voler rendent inexplicables les traversées immenses qu'elles ont à faire pour passer d'Afrique en Europe. Aussitôt que les cailles sont arrivées dans nos contrées, elles se mettent à pondre ; elles ne s'apparient pas, et cela serait difficile si le nombre des mâles est comme on l'assure beaucoup plus grand que celui des femelles.

Les cailleteaux sont en état de courir presque en sortant de la coque ainsi que les perdreaux; mais ils sont plus robustes à quelques égards. A peine adultes ils se séparent, et il ne leur faut que quatre mois pour prendre leur accroissement, et se trouver en état de suivre leurs pères et mères dans leurs voyages.

Tous les piéges qui réussissent pour les autres oiseaux sont bons pour les cailles, surtout pour les mâles qui sont moins défians et plus ardens que leurs femelles, et que l'on mène partout où l'on veut avec un appeau qui imite la voix de celle-ci.

DU FAISAN.

Le faisan a l'aile courte, et conséquemment le vol pesant et peu élevé; il est de la grosseur d'un coq ordinaire, et peut en quelque sorte le disputer au paon pour la beauté du plumage : il se plaît dans les lieux humides et le long des mares qui se trouvent dans les grands bois ; pendant la nuit il se perche au haut des arbres, où il dort la tête sous l'aile. Les faisans s'évitent les uns les autres, si ce n'est au mois de mars ou d'avril, qui est le temps où le mâle recherche sa femelle. Lorsqu'on les chasse, et qu'ils ont été rencontrés, ils regardent fixement le chien tant qu'il est en arrêt, et donnent tout le temps au chasseur de les tirer à son aise.

DU COQ DE BRUYÈRE.

Le coq de bruyère cherche le froid, et habite les bois qui couronnent le sommet des hautes montagnes, d'où lui sont venus les noms de *coq de montagne, coq de bois*. Son poids est communément de douze à quinze livres, et il a près de quatre pieds de vol. Il vit de feuilles ou de sommités de sapin, de genévrier, de cèdre, de saule, de bouleau, de peuplier blanc, etc., etc.

Lorsqu'il mange trop de baies de genièvre, la chair, qui est excellente, contracte un mauvais goût. La femelle diffère du mâle par la taille et par le plumage, étant plus petite et moins noire. Cet oiseau, qui dans tout autre temps est fort difficile à approcher, se laisse surprendre très-aisément lorsqu'il est en amour, et surtout tandis qu'il fait entendre son cri de rappel : il est alors si étourdi du bruit qu'il fait lui-même, ou si l'on veut tellement enivré, que ni la vue d'un homme, ni même les coups de fusil ne le déterminent à prendre sa volée. Dès que les petits sont éclos, ils se mettent à courir avec légèreté : la mère les conduit avec beaucoup de sollicitude et d'affection ; la famille demeure unie tout le reste de l'année et jusqu'à ce que la saison de l'amour, leur donnant de nouveaux besoins, de nouveaux intérêts, les disperse, surtout les mâles qui aiment à vivre séparément.

DE LA GÉLINOTTE.

La gélinotte est un oiseau dont le plumage ressemble beaucoup à celui de la femelle du coq de bruyère ; mais dont la grosseur n'excède pas celle d'une perdrix rouge : il a environ vingt-un pouces d'envergure, les ailes courtes et par conséquent le vol pesant, et ce n'est qu'avec beaucoup d'effort et de bruit qu'il prend sa volée ; en récompense il court très-vite. Sa nourriture est à peu près la même que celle du coq de bruyère. On le chasse au printemps et à l'automne, en l'attirant avec des appeaux qui imitent son cri. Lorsqu'il part son instinct le porte à se jeter dans un sapin touffu, où il reste immobile avec une patience singulière, pendant tout le temps que le chasseur le guette. Les gélinottes femelles, font leur nid à terre ; elles pondent ordinairement douze ou quinze œufs et même jusqu'à vingt ; elles les couvent pendant trois semaines et n'amènent guère à bien que sept ou huit petits qui courent dès qu'ils sont éclos. Dès que ces petits sont élevés, et qu'ils se trouvent en état de voler, les père et mère les éloignent du quartier qu'ils se sont approprié. Les gélinottes se plaisent dans les forêts où elles trouvent une nourriture convenable et leur sûreté contre l'oiseau de proie qu'elles redoutent extrêmement, et dont elles se garantissent en se perchant sur les basses branches.

DU RALE DE GENÊT *ou* ROI DE CAILLES.

Dans les prairies humides, dès que l'herbe est haute et jusqu'au temps de la récolte, il sort des endroits les plus touffus de l'herbage une voix rauque ou plutôt un cri bref, aigre et sec : *crek, crek, crek,* assez semblable au bruit que l'on excite-rait en passant et appuyant fortement le doigt sur les dents d'un gros peigne : et lorsqu'on s'avance vers cette voix, elle s'éloigne et on l'entend venir de cinquante pas plus loin ; c'est le râle de genêt qui

jette ce cri, qu'on prendrait pour le croas-
sement d'un reptile; cet oiseau fuit rarement au vol, mais presque toujours en
marchant avec vitesse, et passant à travers
le plus touffu des herbes, il laisse une
trace remarquable. Il arrive et repart avec
les cailles; cette circonstance, jointe à ce
que le râle et les cailles habitent également les prairies, qu'il y vit seul et qu'il
est beaucoup moins commun et un peu
plus gros que la caille, a fait imaginer
qu'il se mettait à la tête de leurs bandes
comme chef ou conducteur, et c'est ce
qui lui a fait donner le nom de *Roi des
cailles*; mais il diffère de ces oiseaux par
les caractères de conformation qui tous
lui sont communs avec les autres râles.
Lorsque le chien rencontre un râle, on
peut le reconnaître à la vivacité de sa quête, au nombre de faux arrêts, à l'opiniâtreté avec laquelle l'oiseau tient et se
laisse quelquefois serrer de si près, qu'il
se fait prendre; souvent il s'arrête dans
sa fuite, et se blottit de sorte que le chien

emporté par son ardeur, passe par-dessus et perd sa trace ; le râle profite de cet instant d'erreur de l'ennemi pour revenir sur sa voie et donner le change : il ne part qu'à la dernière extrémité, et s'élève assez haut avant de filer ; il vole pesamment et ne va jamais loin ; on en voit ordinairement la remise, mais l'oiseau a déjà piété plus de cent pas lorsque le chasseur y arrive.

DU RALE D'EAU.

Le râle d'eau court le long des eaux stagnantes aussi vite que le râle de genêt dans les champs ; il se tient de même toujours caché dans les grandes herbes et les joncs ; il n'en sort que pour traverser les eaux à la nage et même à la course, car on le voit souvent courir légèrement sur les larges feuilles du nénuphar qui couvrent les eaux dormantes ; il se fait de petite routes à travers les plus grandes herbes ; on y tend des lacets, et on le prend d'autant plus aisément qu'il revient constamment à son gîte par le même chemin. Lorsqu'on le chasse, le plus difficile est de le faire partir de son fort ; il s'y tient avec autant d'opiniâtreté que le râle de genêt dans le sien ; il donne la même peine au chasseur, la même impatience au chien devant lequel il fuit avec ruse, et ne prend son vol que le plus tard qu'il peut.

DE LA MAROUETTE.

La marouette est un petit râle d'eau dont les habitudes sont les mêmes que celles du précédent, dont elle diffère par son plumage d'un brun olivâtre nué de blanchâtre, ce qui l'a fait appeler *râle perlé*.

DE LA POULE D'EAU.

La poule d'eau vole les pieds pendans comme le râle ; mais elle va plus à l'eau sans cependant y nager beaucoup, si ce n'est pour traverser d'un bord à l'autre : cachée la plus grande partie du jour dans les roseaux, ce n'est que sur le soir qu'on la voit se promener sur l'eau ; elle fréquente moins les marécages et les marais que les rivières et les étangs. Les poules d'eau quittent en octobre les pays froids et les montagnes, et passent l'hiver dans nos provinces tempérées où on les trouve près des sources et sur les eaux vives qui ne gèlent pas.

DE LA BÉCASSE.

La bécasse arrive dans nos bois vers le milieu d'octobre en même temps que les grives : elle descend alors des hautes montagnes où elle habite pendant l'été, et d'où les premiers frimas déterminent son départ et nous l'amènent. Les bécasses arrivent la nuit et quelquefois le jour par un temps sombre, toujours une à une ou deux ensemble, et jamais en troupes. Elles s'abattent dans les grandes haies, dans les taillis, dans les futaies, et préfèrent les bois où il y a beaucoup de terreau et de feuilles tombées : elles s'y tiennent retirées et tapies pendant le jour, et tellement cachées qu'il faut des chiens pour les faire lever, et souvent elles partent sous les pieds du chasseur; elles quittent ces endroits fourrés et le fort du bois à l'entrée de la nuit pour se répandre dans les clairières en suivant les sentiers; elles cherchent les terres molles, les paquis humides à la rive des bois, et les petites mares, où elles vont pour se laver le bec et les pieds qu'elles se sont remplis de terre en cherchant leur nourriture. La bécasse bat des ailes en partant; elle file assez droit dans une futaie; mais dans les taillis elle est souvent obligée de faire le crochet; elle plonge en volant derrière les buissons pour se dérober à l'œil du chasseur; son vol quoique rapide n'est ni élevé ni long-temps soutenu; elle s'abat avec tant de promptitude qu'elle semble une masse abandonnée à toute sa pesanteur; peu d'instans après sa chute elle court avec vitesse; mais bientôt elle s'arrête, élève sa tête, regarde de tous côtés pour se rassurer avant d'enfoncer son bec dans la terre. Pline compare avec raison la bécasse à la perdrix pour la célérité de sa course, car elle se dérobe de même, et lorsqu'on croit la trouver où elle s'est abattue, elle a déja piété à une grande distance.

On reconnaît les lieux que hante la bécasse à ses fientes, qui sont de larges fécules blanches et sans odeur.

C'est à la fin de l'hiver, c'est-à-dire au mois de mars que les bécasses quittent nos plaines pour retourner sur les montagnes. On les voit partir appariées ; elles volent alors rapidement et sans s'arrêter pendant la nuit, mais le matin elles se cachent dans les bois pour y passer la journée, et en partent le soir pour continuer leur route.

DE LA BÉCASSINE.

La bécassine est très-bien nommée puisqu'à ne la considérer que par la figure, on pourrait la prendre pour une petite bécasse ; mais cette ressemblance est bornée à l'extérieur, et les habitudes naturelles sont opposées. La bécassine ne fréquente pas les bois, elle se tient dans les endroits marécageux des prairies; dans les herbages et les osiers qui bordent les rivières : elle s'élève si haut en volant qu'on l'entend encore lorsqu'on la perd de vue; et elle jette en prenant son essor un petit cri court et sifflé. En France les bécassines paraissent en automne; on en voit quelquefois trois ou quatre ensemble; mais le plus souvent on les rencontre seules; elles partent de loin d'un vol très-preste, et après deux ou trois crochets elles filent deux ou trois cents pas ou pointent en s'élevant à perte de vue. Le chasseur sait faire fléchir leur vol et les amener près de lui en imitant leur voix. Elles passent tout l'hiver dans nos contrées, autour des fontaines chaudes et des petits marécages voisins de ces fontaines ; mais il n'en reste que quelques-unes pendant l'été, et elles nichent dans nos marais.

DE L'OIE ET DU CANARD SAUVAGES, etc.

Chassés des régions septentrionales par les rigueurs de l'hiver, l'oie et le canard sauvages descendent vers nos contrées dès que les frimats commencent à couvrir la terre, et se retirent d'abord dans nos marais et sur nos étangs. Bientôt forcés dans ces retraites ils se répandent sur les grandes rivières et autour des sources qui résistent davantage à la gelée; mais aussitôt que le souffle du zéphir vient réchauffer la nature engourdie, on les voit quitter en toute hâte nos provinces pour se retirer vers le nord. A peine en reste-t-il quelques couples dans nos marais, où ils nichent au printemps. Enfin les sarcelles, les plongeons, les castagneux, les vanneaux, les pluviers, etc., etc., viennent à différentes époques, peupler nos marécages, et permettre de se livrer en toute saison au plaisir de la chasse.

+ +

CHAPITRE VIII.

*Lois, Décrets, Arrêtés, Ordonnances, etc.,
concernant la Chasse au chien d'arrêt *.*

———

EXTRAIT DU DÉCRET RELATIF A L'ABOLI-
TION DU RÉGIME FÉODAL, DES DROITS DE
CHASSE, ETC.

11 Août 1789.

**Art. 1er. L'assemblée nationale détruit
entièrement le régime féodal, et décrète**

* D'après la règle que nous nous sommes tracée,
nous ne donnerons ici que les parties des lois, ordonnances, etc., qui ont quelque rapport avec la chasse au
chien d'arrêt, engageant les personnes qui désireraient
acquérir des connaissances plus étendues sur cette matière, à se procurer le Code de la Chasse et de la Pêche,
que vient de mettre en vente M. B. Warrée, libraire,
au Palais de Justice. Cet ouvrage, le plus complet qu'on
ait encore publié en ce genre, ne laisse rien à désirer.

que, dans les droits et devoirs tant féo-
daux que censuels, ceux qui tiennent à la
main-morte réelle ou personnelle et à la
servitude personnelle, et ceux qui les re-
présentent, sont abolis sans indemnité,
et tous les autres déclarés rachetables; et
le prix et le mode du rachat seront fixés
par l'assemblée nationale. Ceux desdits
droits qui ne sont pas supprimés par ce
décret, continueront néanmoins à être
perçus jusqu'au remboursement.

2. Le droit exclusif des fuies et colom-
biers est aboli : les pigeons seront enfer-
més aux époques fixées par les communautés; et durant ce temps, ils seront re-
gardés comme gibier, et chacun aura le
droit de les tuer sur son terrain.

3. Le droit exclusif de la chasse et des
garennes ouvertes est pareillement aboli;
et tout propriétaire a le droit de détruire et
faire détruire, seulement sur ses possessions, toute espèce de gibier, sauf à se
conformer aux lois de police qui pourront
être faite relativement à la sûreté publique.

Toutes capitaineries, même royales, et toutes réserves de chasses, sous quelque dénomination que ce soit, sont pareillement abolies; et il sera pourvu par des moyens compatibles avec le respect dû aux propriétés et à la liberté, à la conservation des plaisirs personnels du Roi.

LETTRES PATENTES DU ROI CONCERNANT LA CHASSE.

30 Avril 1790.

Louis, etc.

L'assemblée nationale considérant que par ses décrets des 4, 5, 7, 8 et 11 août 1789, le droit exclusif de la chasse est aboli, et le droit rendu à tout propriétaire de détruire ou faire détruire, sur ses possessions seulement, toute espèce de gibier, sauf à se conformer aux lois de police qui pourraient être faites relativement à la sûreté publique; mais que, par un abus répréhensible de cette disposition, la chasse est devenue une source de désordres qui, s'ils se prolongeaient davantage, pourraient devenir funestes aux récoltes, dont il est si instant d'assurer la conservation, a, par provision et en attendant que l'ordre de ses travaux lui permette de plus grands développemens sur cette matière, décrété les 22, 23 et 28 de ce mois, et nous voulons et ordonnons ce qui suit:

Art. 1er. Il est défendu à toutes personnes de chasser, en quelque temps et de quelque manière que ce soit, sur le terrain d'autrui sans son consentement, à peine de vingt livres d'amende envers la commune du lieu, et d'une indemnité de dix livres envers le propriétaire des fruits, sans préjudice de plus grands dommages-intérêts s'il y échoit.

Défenses sont pareillement faites, sous ladite peine de vingt livres d'amende, aux propriétaires ou possesseurs de chasser dans leurs terres non-closes, même en jachères, à compter du jour de la publication des présentes jusqu'au premier septembre prochain pour les terres, qui seront alors dépouillées, et pour les autres terres jusqu'après la dépouille entière des fruits ; sauf à chaque département à fixer, pour l'avenir, le temps dans lequel la chasse sera libre, dans son arrondissement, aux propriétaires sur leurs terres non closes.

2. L'amende et l'indemnité ci-dessus statuées contre celui qui aura chassé sur le terrain d'autrui, seront portées respectivement à trente livres et à quinze livres quand le terrain sera clos de murs et de haies, et à quarante livres et vingt livres dans le cas où le terrain clos tiendrait immédiatement à une habitation, sans entendre rien innover aux dispositions des autres lois qui protégent la sûreté des citoyens et de leurs propriétés, et qui défendent de violer les clôtures, et notamment celles des lieux qui forment leurs domiciles ou qui y sont attachés.

3. Chacune de ces différentes peines sera doublée en cas de récidive ; elle sera triplée s'il survient une troisième contravention, et la même progression sera sui-

vie pour les contraventions ultérieures ; le tout dans le courant de la même année seulement.

4. Le contrevenant qui n'aura pas, huitaine après la signification du jugement, satisfait à l'amende prononcée contre lui, sera contraint par corps et détenu en prison pendant vingt-quatre heures, pour la première fois ; pour la seconde fois, pendant huit jours ; et pour la troisième et ultérieure contravention pendant trois mois.

5. Dans tous les cas, les armes avec lesquelles la contravention aura été commise seront confisquées, sans néanmoins que les gardes puissent désarmer les chasseurs.

6. Les père et mère répondront des délits de leurs enfans mineurs de vingt ans, non mariés et domiciliés avec eux, sans pouvoir néanmoins être contraints par corps.

7. Si les délinquans sont déguisés ou masqués, ou s'ils n'ont aucun domicile connu dans le royaume, ils seront arrêtés

sur le champ à la réquisition de la municipalité.

8. Les peines et contraintes ci-dessus
seront prononcées sommairement et à l'au-
dience, par la municipalité du lieu du
délit, d'après les rapports des *Gardes
messiers*, *Baugards* ou *Gardes champé-
tres*, sauf l'appel, ainsi qu'il a été réglé
par le décret de l'assemblée nationale du
23 mars dernier, que nous avons accepté :
elles ne pourront l'être que soit sur la
plainte du propriétaire ou autre partie
intéressée, soit même dans le cas où l'on
aurait chassé en temps prohibé, sur la
seule poursuite du procureur de la commune.

9. A cet effet, le conseil général de chaque commune est autorisé à établir un
ou plusieurs gardes messiers, baugards ou
gardès champêtres qui seront reçus et assermentés par la municipalité, sans préjudice de la garde des bois et forêts qui
se fera comme par le passé, jusqu'à ce
qu'il en ait été autrement ordonné.

10. Lesdits rapports seront ou dressés par écrit ou fait de vive voix au greffe de la municipalité, où il en sera tenu registre. Dans l'un et l'autre cas, ils seront affirmés entre les mains d'un officier municipal, dans les vingt-quatre heures du délit qui en sera l'objet, et ils feront foi de leur contenu jusqu'à la preuve contraire, qui pourra être admise sans inscription de faux.

11. Il pourra être suppléé auxdits rapports par la déposition de deux témoins.

12. Toute action pour délit de chasse sera prescrite par le laps d'un mois, à compter du jour où le délit aura été commis.

13. Il est libre à tout propriétaire ou possesseur de chasser ou faire chasser en tout temps, et nonobstant l'art. 1er des présentes, dans ses lacs et étangs, et dans celles de ses possessions qui sont séparées par des murs ou des haies vives d'avec les héritages d'autrui.

14. Pourra également tout propriétaire ou possesseur autre qu'un simple usager

dans les temps prohibés par l'art. 1er, chasser ou faire chasser, sans chiens courans, dans ses bois et forêts.

15. Il est pareillement libre, en tout temps, au propriétaire ou possesseur, et même au fermier de détruire le gibier dans ses récoltes non closes, en se servant de filets ou autres engins qui ne puissent pas nuire aux fruits de la terre, comme aussi de repousser avec des armes à feu les bêtes fauves qui se répandraient dans lesdites récoltes.

16. Il sera pourvu, par une loi particulière, à la conservation de nos plaisirs personnels; et, par provision, en attendant que nous ayons fait connaître les cantons que nous voulons réserver exclusivement pour notre chasse, défenses sont faites à toutes personnes de chasser et de détruire aucune espèce de gibier dans les forêts à nous appartenantes, et dans les parcs attenant aux maisons royales de Versailles, Marly, Rambouillet, Saint-Cloud, Saint-Germain, Fontainebleau,

Compiègne, Meudon, bois de Boulogne, Vincennes et Villeneuve-le-Roi.

DÉCRET RELATIF AUX JUGEMENS DES DÉLITS DE CHASSE, COMMIS DANS LES LIEUX RÉSERVÉS AUX PLAISIRS DU ROI.

25 Juillet 1790.

L'assemblée nationale décrète ce qui suit :

Tous les délits de chasse commis dans les lieux désignés par l'art. 16 des décrets des 22, 23 et 28 avril dernier (loi du 30 avril) concernant la conservation des plaisirs du Roi, doivent être poursuivis par-devant les juges ordinaires.

DÉCRET CONCERNANT LES CHASSES DU ROI.

14 Septembre 1790.

Art. 1er. Il sera formé dans les domaines et biens nationaux qui seront réservés au Roi par un décret particulier, des parcs destinés à la chasse de Sa Majesté ; et ces parcs seront clos de murs, aux frais de la

» liste civile dans le délai de deux années, » à compter du 1er novembre prochain.

4. Il est libre à tous propriétaires ou possesseurs de fonds enclavés dans lesdits parcs, autres que ceux qui en tiennent du Roi à titre de ferme, de détruire ou faire détruire le gibier sur leurs propriétés seulement, et de la manière qui a été réglée pour les propriétaires et possesseurs de fonds dans les autres parties du royaume par le décret du 22 avril dernier.

5. Les dispositions pénales contenues dans la première partie de l'art. 1er, ainsi que dans les art. 2, 3, 4, 5 et 6 du décret provisoire des 22, 23 et 28 avril dernier, auront leur plein et entier effet contre ceux qui chasseront, en quelque temps et de quelque manière que ce soit, dans les parcs, domaines et propriétés réservées au Roi, ainsi que dans les autres propriétés nationales.

8. Les gardes que le Roi jugera à propos d'établir pour la conservation de sa chasse, seront reçus et assermentés devant les ju-

ges du district auxquels la connaissance des délits de chasse commis dans lesdits parcs et domaines qui seront réservés au Roi, appartiendra, conformément à l'article 7 du décret des 6 et 7 septembre courant, et seront les commissions données aux gardes généraux, enregistrées sans frais aux greffes des municipalités.

10. Seront au surplus exécutés les articles du décret des 22, 23 et 28 avril dernier, et néanmoins les rapports des gardes chasses pourront être faits concurremment au greffe du tribunal du district, ou à celui de la municipalité du lieu du délit, et affirmé entre les mains d'un des juges ou d'un officier municipal.

11. Les décrets des 22, 23 et 28 avril dernier seront exécutés contre les gardes et autres personnes employées aux chasses du Roi, ainsi et de la même manière que contre tous les autres délinquans.

12. Les règlemens, lois et ordonnances ci-devant portés sur le fait des chasses du Roi, et les capitaineries, sont abolis.

EXTRAIT DE LA LOI SUR LA GENDARMERIE.

16 Février 1791.

§ II.

Art. 1er. Les fonctions essentielles et ordinaires de la gendarmerie nationale sont :

7° De saisir les dévastateurs de bois et de récoltes, les chasseurs masqués, les contrebandiers armés, lorsque les délinquans de ces trois derniers genres seront pris sur le fait.

EXTRAIT DE LA LOI CONCERNANT LES BIENS ET USAGES RURAUX, ET LA POLICE RURALE.

6 Octobre 1791.

TITRE Ier.—*Des Biens et Usages Ruraux.*

SECTION VII.

Des Gardes Champêtres.

Art. 1er. Pour assurer les propriétés et conserver les récoltes, il pourra être établi des gardes champêtres dans les municipalités, sous la juridiction des juges de paix, et sous la surveillance des officiers municipaux. Ils seront nommés par le conseil général de la commune, et ne pourront être changés ou destitués que dans la même forme.

2. Plusieurs municipalités pourront choisir et payer le même garde champêtre, et une municipalité pourra en avoir plusieurs. Dans les municipalités où il y a des gardes établis pour la conservation des bois, ils pourront remplir les deux fonctions.

3. Les gardes champêtres seront payés par la communauté ou les communautés suivant le prix déterminé par le conseil général; leurs gages seront prélevés sur les amendes qui appartiendront en entier à la commune. Dans le cas où elles ne suffiraient pas au salaire des gardes, la somme qui manquerait serait répartie au marc la livre de la contribution foncière; mais serait à la charge de l'exploitant :

toutefois les gages des gardes des bois communaux seront prélevés sur le produit de ces bois, et séparés des gages de ceux qui conservent les autres propriétés rurales.

4. Dans l'exercice de leurs fonctions, les gardes champêtres pourront porter toutes sortes d'armes qui seront jugées leur être nécessaires par le directoire du département. Ils auront sur le bras une plaque de métal ou d'étoffes, où seront inscrits ces mots : *la loi*, le nom de la municipalité, celui du garde.

5. Les gardes champêtres seront âgés au moins de vingt-cinq ans ; ils seront reconnus pour gens de bonnes mœurs, et ils seront reçus par le juge de paix : il leur fera prêter le serment de veiller à la conservation de toutes les propriétés qui sont sous la foi publique, et de toutes celles dont la garde leur aura été confiée par l'acte de leur nomination.

6. Ils feront, affirmeront et déposeront leurs rapports devant le juge de paix de

leur canton, ou l'un de ses assesseurs, ou feront devant l'un ou l'autre leurs déclarations. Leurs rapports, ainsi que leurs déclarations, lorsqu'ils ne donneront lieu qu'à des réclamations pécuniaires, feront foi en justice pour tous les délits mentionnés dans la police rurale, sauf la preuve contraire.

7. Ils seront responsables des dommages dans le cas où ils négligeront de faire dans les vingt-quatre heures le rapport des délits.

8. La poursuite des délits ruraux sera faite au plus tard dans le délai d'un mois, soit par les parties lésées, soit par le procureur de la commune, ou ses substituts, s'il y en a, soit par des hommes de loi commis à cet effet par la municipalité, faute de quoi il n'y aura pas lieu à poursuivre.

Titre II. — *De la Police rurale.*

Art. 3. Tout délit rural ci-après mentionné sera punissable d'une amende ou d'une détention soit municipale, soit correctionnelle, ou de détention et d'amende réunies, suivant les circonstances et la gravité du délit, sans préjudice de l'indemnité qui pourra être dûe à celui qui aura souffert le dommage. Dans tous les cas cette indemnité sera payable par préférence à l'amende. L'indemnité et l'amende sont dues solidairement par les délinquans.

4. Les moindres amendes seront de la valeur d'une journée de travail au taux du pays déterminé par le directoire de département. Toutes les amendes ordinaires qui n'excéderont pas la somme de trois journées de travail, seront doubles en cas de récidive dans l'espace d'une année, ou si le délit a été commis avant le lever ou après le coucher du soleil; elles seront triples quand les deux circonstances précédentes se trouveront réunies : elles seront versées dans la caisse de la municipalité du lieu.

5. Le défaut de paiement des amendes et des dédommagemens ou indemnités,

n'entraînera la contrainte par corps que vingt-quatre heures après le commandement. La détention remplacera l'amende à l'égard des insolvables; mais sa durée en commutation de peine ne pourra excéder un mois. Dans les délits pour lesquels cette peine n'est point prononcée, et dans les cas graves où la détention est jointe à l'amende, elle pourra être prolongée du quart du temps prescrit par la loi.

7. Les maris, pères, mères, tuteurs, maîtres, entrepreneurs de toute espèce, seront civilement responsables des délits commis par leurs femmes et enfans, pupilles, mineurs n'ayant pas plus de vingt ans et non mariés, domestiques, ouvriers, voituriers et autres subordonnés. L'estimation du dommage sera toujours faite par le juge de paix ou ses assesseurs, ou par les experts par eux nommés.

8. Les domestiques, ouvriers, voituriers ou autres subordonnés, seront à leur tour responsables de leurs délits envers ceux qui les emploient.

27. Celui qui entrera à cheval dans les champs ensemencés, si ce n'est le propriétaire ou ses agens, paiera le dommage et une amende de la valeur d'une journée de travail : l'amende sera double si le délinquant y est entré en voiture. Si les blés sont en tuyaux et que quelqu'un y entre même à pied, ainsi que dans toute autre récolte pendante, l'amende sera au moins de la valeur de trois journées de travail, et pourra être d'une somme égale à celle due pour dédommagement au propriétaire.

28. Si quelqu'un, avant leur maturité, coupe ou détruit de petites parties de blé en vert, ou d'autres productions de la terre, sans intention manifeste de les voler, il paiera en dédommagement au propriétaire une somme égale à la valeur que l'objet aurait eu dans sa maturité ; il sera condamné à une amende égale à la somme du dédommagement, et il pourra l'être à la détention de police municipale.

30. Toute personne convaincue d'avoir,

de dessein prémédité, méchamment, sur le territoire d'autrui, blessé ou tué des bestiaux ou chiens de garde, sera condamné à une amende double de la somme du dédommagement. Le délinquant pourra être détenu un mois, si l'animal n'a été que blessé ; et six mois si l'animal est mort de sa blessure ou en est resté estropié : la détention pourra être du double, si le délit a été commis la nuit ou dans une étable, ou dans un enclos rural.

39. Conformément au décret sur les fonctions de la gendarmerie nationale, tout dévastateur des bois, des récoltes, ou chasseur masqué, pris sur le fait, pourra être saisi par tout gendarme national, sans aucune réquisition d'officier civil.

41. Tout voyageur qui déclorra un champ pour se faire un passage dans sa route, paiera le dommage fait au propriétaire, et de plus une amende de la valeur de trois journées de travail, à moins que le juge de paix du canton ne décide que le chemin public était impraticable ; et

alors les dommages, et les frais de clôture seront à la charge de la communauté.

LOI QUI ORDONNE L'ÉTABLISSEMENT DES GARDES CHAMPÊTRES DANS TOUTES LES COMMUNES RURALES DE LA RÉPUBLIQUE.

8 Juillet 1795.

Art. 1ᵉʳ. Il sera établi, immédiatement après la promulgation du présent décret, des gardes champêtres dans toutes les communes rurales; les gardes déjà nommés, dans celles où il y en a, pourront être réélus d'après le mode suivant.

2. Les gardes champêtres ne pourront être choisis que parmi les citoyens dont la probité, le zèle et le patriotisme seront généralement reconnus; ils seront nommés par l'administration du district, sur la présentation des conseils généraux des communes. Leur traitement sera aussi fixé par le district, d'après l'avis du conseil général, et réparti au marc la livre de l'imposition foncière.

3. Il y aura au moins un garde par commune, et la municipalité jugera de la nécessité d'y en établir davantage.

4. Tout propriétaire aura le droit d'avoir pour ses domaines un garde champêtre; il sera tenu de le faire agréer par le conseil général de la commune, et confirmer par le district. Ce droit ne pourra néanmoins l'exempter de contribuer au traitement du garde de la commune.

5. La police rurale sera exercée provisoirement par le juge de paix.

6. Les gardes champêtres seront tenus de citer devant lui les citoyens pris en flagrant délit. Si le délinquant n'est pas domicilié, et refuse de se rendre à la citation, le garde pourra requérir de la municipalité main-forte, et les citoyens requis ne pourront se refuser d'obéir aux ordres qui leur seront donnés.

8. Le juge de paix prononcera sans délai contre les prévenus, et jugera d'après les dispositions de la loi du 28 septembre 1791. La peine sera pécuniaire, et ne

pourra être moindre de la valeur de cinq journées de travail, outre la restitution de la valeur du dégât ou du vol qui aura été fait, sans préjudice des peines portées par le Code pénal, lorsque la nature du fait y donnera lieu ; et en ce cas, le juge de paix renverra au directeur du jury.

9. Les jugemens prononcés seront exécutés dans la huitaine, à peine de détention jusqu'au paiement, sans que la détention puisse excéder un mois, nonobstant l'appel.

10. A l'égard des délits commis dans les forêts nationales et particulières, le prix de la restitution et de l'amende sera provisoirement déterminé par les tribunaux d'après la valeur actuelle des bois.

14. Les juges de paix, les municipalités, les corps administratifs, les procureurs des communes, sont responsables de l'exécution de la présente loi.

15. Lecture sera faite de la présente loi par les officiers municipaux, en présence du peuple.

EXTRAIT DU CODE DES DÉLITS ET DES PEINES.

25 Octobre 1795.

Des Peines.

Art. 599. Les peines sont ou de simple police, ou correctionnelles, ou infamantes, ou afflictives.

600. Les peines de simple police sont celles qui consistent dans une amende de la valeur de trois journées de travail ou au-dessous, ou dans un emprisonnement qui n'excède pas trois jours.

Elles se prononcent par les tribunaux de police.

601. Les peines correctionnelles sont celles qui consistent ou dans une amende au-dessus de la valeur de trois journées de travail, ou dans un emprisonnement de plus de trois jours.

Elles se prononcent par les tribunaux correctionnels.

Des Peines de simple Police.

605. Sont punis des peines de simple police :

8º Les personnes coupables des délits mentionnés dans le titre II de la loi du 28 septembre—6 octobre 1791, sur la police rurale ; lesquelles, d'après ses dispositions annexées en note au présent Code, étaient dans le cas d'être jugées par la voie de police municipale.

606. Le tribunal de police gradue, selon les circonstances et le plus ou moins de gravité du délit, les peines qu'il est chargé de prononcer, sans néanmoins qu'elles puissent, en aucun cas, ni être au-dessous d'une amende de la valeur d'une journée de travail ou d'un jour d'emprisonnement, ni s'élever au-dessus de la valeur de trois journées de travail ou de trois jours d'emprisonnement.

607. En cas de récidive, les peines suivent la proportion réglée par les lois des 19-22 juillet et 28 septembre—6 octobre

1791, et ne peuvent, en conséquence, être prononcées que par le tribunal correctionnel.

608. Pour qu'il y ait lieu à une augmentation de peines pour cause de récidive, il faut qu'il y ait eu un premier jugement rendu contre le prévenu pour pareil délit, dans les douze mois précédens , et dans le ressort du même tribunal de police.

Des Peines Correctionnelles.

609. En attendant que les dispositions de l'ordonnance des eaux et forêts de 1669, les lois des 19-22 juillet et 28 septembre—6 octobre 1791 , celle du 20 messidor de l'an 3, et les autres relatives à la police municipale, correctionnelle, rurale et forestière , aient pu être révisées, les tribunaux correctionnels appliqueront aux délits qui sont de leur compétence les peines qu'elles prononcent.

LOI RELATIVE A LA RÉPRESSION DES DÉLITS RURAUX ET FORESTIERS.

10 Août 1796.

Art. 1er. Les procès-verbaux des gardes champêtres et forestiers ne seront pas soumis à la formalité de l'enregistrement. Les gardes champêtres seront tenus d'en affirmer la sincérité dans les vingt-quatre heures, devant le juge de paix ou l'un de ses assesseurs.

2. La peine d'une amende de la valeur d'une journée de travail ou d'un jour d'emprisonnement, fixée comme la moindre par l'article 606 du Code des délits et des peines, ne pourra, pour tout délit rural et forestier, être au-dessous de trois journées de travail, ou de trois jours d'emprisonnement.

3. Les lois rendues sur la police rurale seront au surplus exécutées.

ARRÊTÉ QUI INTERDIT LA CHASSE DANS LES FORÊTS NATIONALES.

19 Octobre 1796.

Le directoire exécutif, sur le rapport du ministre des finances; considérant que le port d'armes et la chasse sont prohibés dans les forêts nationales et des particuliers, par l'ordonnance de 1669 et par la loi du 30 avril 1790;

Que l'article 4, titre XXX de l'ordonnance de 1669, fait défenses à toutes personnes de chasser à feu et d'entrer ou demeurer de nuit dans les forêts domaniales, ni même dans les bois des particuliers, avec armes à feu, à peine de cent livres d'amende et de punition corporelle, s'il y échoit; que les articles 8 et 12 du même titre défendent d'y prendre aucune aire d'oiseaux, et d'y détruire aucune espèce de gibier, avec engins, tels que tirasses, traîneaux, tonnelles, etc., sous les mêmes peines; que l'article 1er de la loi du 30 avril

1790 défend à toutes personnes de chasser, en quelque temps et de quelque manière que ce soit, sur le terrain d'autrui, sans préjudice de plus grands dommages-intérêts, s'il y échoit.

Arrête ce qui suit :

Art. 1er. La chasse dans les forêts nationales est interdite à tous particuliers, sans distinction.

2. Les gardes sont tenus de dresser, contre les contrevenans, les procès-verbaux dans la forme prescrite pour les autres délits forestiers, et de les remettre à l'agent national près la ci-devant maîtrise de leur arrondissement.

3. Les prévenus seront poursuivis en conformité de la loi du 3 brumaire an 4, relative aux délits et aux peines, et seront condamnés aux peines pécuniaires prononcées par les lois ci-dessus citées.

4. Le ministre des finances est chargé de l'exécution du présent arrêté, qui sera envoyé aux départemens, imprimé et affiché.

EXTRAIT DE L'ARRÊTÉ QUI DÉTERMINE LES FONCTIONS DU PRÉFET DE POLICE DE PARIS.

1er Juillet 1800.

Art. 18. Il recevra les déclarations, et délivrera les permissions pour port d'armes à feu, pour l'entrée et sortie de Paris avec fusils de chasse.

ORDONNANCE DU PRÉFET DE POLICE SUR LE PORT D'ARMES.

29 Octobre 1800.

Le préfet de police,

Vu les arrêtés des consuls des 12 messidor an 8 (1er juillet 1800), et 3 brumaire présent mois (25 octobre 1800),

Ordonne ce qui suit :

Art. 1er. Tous les permis de port d'armes accordés jusqu'à ce jour par les sous-préfets ou les maires du département de la Seine, et les maires des communes de Saint-Cloud, Sèvres et Meudon, et même ceux accordés à la préfecture de police, sont et demeurent annulés.

2. Tout citoyen désirant jouir ou continuer de jouir du port d'armes, même des fusils de chasse, devra se présenter à la préfecture de police pour en obtenir l'autorisation, qui ne sera accordée que sur les certificats des maires ou commissaires de police, et sur leur responsabilité.

3. Toutes personnes portant des armes et qui ne se seront pas conformées aux dispositions des deux articles précédens, seront arrêtées et conduites à la préfecture de police.

EXTRAIT DU DÉCRET RELATIF AUX CHASSES ET A LA LOUVETERIE.

26 Août 1804.

Art. 1er. La surveillance et la police des chasses, dans toutes les forêts impériales, sont dans les attributions du grand-veneur de la couronne.

3. Les conservateurs, les inspecteurs et

gardes forestiers recevront les ordres du grand-veneur pour tout ce qui a rapport aux chasses et à la louveterie.

EXTRAIT DU RÈGLEMENT RELATIF AUX CHASSES DANS LES FORÊTS ET BOIS DES DOMAINES DE L'EMPIRE.

22 Mars 1805.

Dispositions générales.

Art. 1er. Tout ce qui a rapport à la police des chasses est dans les attributions du grand-veneur de la couronne, conformément au décret impérial du 8 fructidor an 12 (26 août 1804).

2. Le grand-veneur donne ses ordres aux vingt-huit conservateurs foréstiers, pour tous les objets relatifs aux chasses ; il en prévient en même temps l'administration générale des forêts.

3. Il est défendu à qui que ce soit de prendre ou de tuer dans les forêts et bois impériaux, les cerfs et les biches.

4. Les conservateurs, inspecteurs, sous-

inspecteurs et gardes forestiers sont spécialement chargés de la conservation des chasses, sous les ordres du grand-veneur, sans que ce service puisse les détourner de leurs fonctions de conservateurs des forêts et bois impériaux. Tout ce qui a rapport à l'administration de ces bois et forêts reste sous la surveillance directe de l'administration forestière, et dans les attributions du ministre des finances.

5. Les permissions de chasse ne seront accordées que par le grand-veneur ; elles seront signées de lui, enregistrées au secrétariat de la vénerie, et visées par le conservateur dans l'arrondissement duquel ces permissions auront été accordées.

Le conservateur enverra au préfet et au commandant de la gendarmerie le nom de l'individu dont il aura visé la permission.

Les demandes de permission seront adressées, soit au grand-veneur, soit aux conservateurs, qui les lui feront parvenir. Ces permissions ne seront accordées que

pour la saison des chasses, et seront renouvelées chaque année, s'il y a lieu.

6. Il sera accordé deux espèces de permissions de chasse : celle de chasse à tir,
et celle de chasse à courre.

7. Tous les individus qui auront obtenu
des permissions de chasse, sont invités à
employer ces permissions à la destruction
des animaux nuisibles, comme les loups,
les renards, les blaireaux, etc.; ils feront
connaître au conservateur des forêts le
nombre de ces animaux qu'ils auront détruits, en lui envoyant la patte droite. Par
là ils acquerront des droits à de nouvelles
permissions, l'intention du grand-veneur
étant de faire contribuer le plaisir de la
chasse à la prospérité de l'agriculture et à
l'avantage général.

8. Les conservateurs et inspecteurs forestiers, et les conservateurs des chasses,
veilleront à ce que les lois et les règlemens
sur la police des chasses, et notamment
le décret du 30 avril 1790, soient ponctuellement exécutés. Ceux qui chasseront sans

permission seront poursuivis conformément aux dispositions de ce décret.

TITRE PREMIER.

Chasse à tir.

Art. 1er. Les permissions de chasse à tir commenceront, pour les forêts impériales, le 1er vendémiaire (23 septembre), et seront fermées le 15 ventôse (6 mars).

2. Ces permissions ne pourront s'étendre à d'autre gibier qu'à celui dont elles contiendront la désignation.

3. L'individu qui aura obtenu une permission de chasse ne doit se servir que de chiens couchans et de fusil.

4. Les battues ou traques, les chiens courans, les lévriers, les furets, les lacets, les panneaux, les piéges de toute espèce, et enfin tout ce qui tendrait à détruire le gibier par d'autres moyens que celui du fusil, est défendu.

5. Les gardes forestiers redoubleront de soins et de vigilance dans le temps des

pontes, et dans celui où les bêtes fauves mettent bas leurs faons.

DÉCRET QUI INTERDIT L'USAGE ET LE PORT DES FUSILS ET PISTOLETS A VENT.

25 Décembre 1805.

Art. 1er. Les fusils et pistolets à vent sont déclarés compris dans les armes offensives, dangereuses, cachées et secrètes, dont la fabrication, l'usage et le port sont interdits par les lois.

2. Toute personne qui, à dater de la publication du présent décret, sera trouvée porteur desdites armes, sera poursuivie et traduite devant les tribunaux de police correctionnelle, pour y être jugée et condamnée conformément à la loi du 23 mars 1728.

3. Nos ministres sont chargés, chacun en ce qui le concerne, de l'exécution du présent décret.

EXTRAIT DE L'INSTRUCTION DU MINISTRE DE LA POLICE GÉNÉRALE, RELATIVE AU PORT D'ARMES.

6 Mai 1806.

Art. 3. Chaque permis (de port d'armes délivré par le préfet), contiendra l'âge, le signalement, la profession et la signature de l'impétrant; il y sera déclaré qu'il n'est valable que pour un an. L'époque du renouvellement des permis est fixée au premier janvier de chaque année.

4. Il ne pourra être refusé de permis à ceux qui se livrent particulièrement à la destruction des animaux malfaisans ; mais ils seront tenus de payer la rétribution, et de se conformer aux règlemens concernant ce genre de chasse.

5. Les gardes champêtres ne pourront être armés de fusils ; quant aux gardes forestiers, il sera ultérieurement statué à cet égard.

7. Les braconniers pourront être désarmés à domicile par la gendarmerie, lors-

qu'elle sera requise par le préfet; aucun désarmement ne s'effectuera sans l'assistance du maire du lieu, ou d'un commissaire de police.

8. Il ne sera fait aucune poursuite contre celui qui a un fusil pour sa défense et celle de ses propriétés, pourvu qu'il n'en fasse pas d'autre usage.

9. Les infractions aux règlemens sur le port d'armes, seront poursuivies de la même manière que celle pour fait de chasse.

10. A mesure des délivrances des permis, le préfet en donnera avis au capitaine de gendarmerie, qui sera tenu d'envoyer les noms de ceux qui les auront obtenus aux brigades de l'arrondissement de leur domicile.

EXTRAIT DU CODE PÉNAL.

2 Mars 1810.

Art. 28. Quiconque aura été condamné à la peine des travaux forcés à temps, du banissement, de la réclusion ou du carcan. . . . .

. . sera déchu du droit de port d'armes.

42. Les tribunaux jugeant correctionnellement pourront, dans certains cas, interdire, en tout ou en partie, l'exercice des droits civiques, civils et de famille, suivant :

4° De port d'armes.

209. Toute attaque, toute résistance avec violence et voies de fait envers les officiers ministériels, les gardes champêtres ou forestiers. . . . est qualifié selon les circonstances crime ou délit de rébellion.

210. Si elle a été commise par plus de vingt personnes armées, les coupables seront punis des travaux forcés à temps; et, s'il n'y a pas eu de port d'armes, ils seront punis de la réclusion.

211. Si la rébellion a été commise par une réunion armée, de trois personnes ou plus jusqu'à vingt inclusivement, la peine sera la réclusion; s'il n'y a pas eu port

d'armes, la peine sera un emprisonnement de six mois au moins et deux ans au plus.

212. Si la rébellion n'a été commise que par une ou deux personnes, avec armes, elle sera punie d'un emprisonnement de six mois à deux ans; et si elle a eu lieu sans armes, d'un emprisonnement de six jours à six mois.

319. Quiconque, par maladresse, imprudence, inattention, négligence ou inobservation des règlemens, aura commis involontairement un homicide, ou en aura été involontairement la cause, sera puni d'un emprisonnement de trois mois à deux ans, et d'une amende de cinquante francs à six cents francs.

320. S'il n'est résulté du défaut d'adresse ou de précaution que des blessures ou coups, l'emprisonnement sera de six jours à deux mois, et l'amende sera de seize francs à cent francs.

454. Quiconque aura, sans nécessité, tué un animal domestique dans un lieu dont celui à qui cet animal appartient est pro-

priétaire , locataire, colon ou fermier, sera puni d'un emprisonnement de six jours au moins et de six mois au plus.

S'il y a eu violation de clôture, le maximum de la peine sera prononcé.

DÉCRET CONCERNANT LA FOURNITURE, LA DISTRIBUTION ET LE PRIX DES PERMIS DE PORT D'ARMES DE CHASSE.

11 Juillet 1810.

§ Ier. *Fourniture des passeports et permis de port d'armes de chasse.*

Art. 1er. L'administration de l'enregisment sera chargée de fournir, à compter du 1er octobre prochain, les passeports et permis de port d'armes de chasse, conformes aux modèles annexés au présent décret.

2. Ils seront uniformes, et timbrés à Paris pour tout le royaume. L'empreinte noire portera la légende : *Police générale.*

3. Les passeports et les permis de port d'armes seront à talon ou souche, reliés en registre.

§ **IV**. *Distribution des permis de port d'armes de chasse.*

10. L'administration de l'enregistrement adressera au directeur de chaque département, des registres de permis de port d'armes de chasse.

11. Le prix en sera payé aux receveurs de l'enregistrement du chef-lieu du département, et il en sera fait un article particulier de recette.

12. Les permis de port d'armes de chasse ne seront valables que pour un an, à dater du jour de leur délivrance.

§ **V**. *Du prix des permis de port d'armes de chasse.*

13. Le prix des permis de port d'armes de chasse est fixé à trente francs, y compris les frais de papier, timbre et expédition.

14. Nos ministres, chacun en ce qui le concerne, sont chargés de l'exécution du

présent décret, qui sera inséré au Bulletin des lois.

DÉCRET CONTENANT DES DISPOSITIONS PÉNALES CONTRE CEUX QUI CHASSENT SANS PERMIS DE PORT D'ARMES DE CHASSE.

4 Mai 1812.

Art. 1er. Quiconque sera trouvé chassant, et ne justifiant point d'un permis de port d'armes de chasse, délivré conformément à notre décret du 11 juillet 1810, sera traduit devant le tribunal de police correctionnelle, et puni d'une amende qui ne pourra être moindre de trente francs, ni excéder soixante francs.

2. En cas de récidive, l'amende sera de soixante-un francs au moins, et de deux cents francs au plus. Le tribunal pourra, en outre, prononcer un emprisonnement de six jours à un mois.

3. Dans tous les cas, il y aura lieu à la confiscation des armes ; et si elles n'ont pas été saisies, le délinquant sera con-

damné à les rapporter au greffe, ou à en payer la valeur suivant la fixation qui en sera faite par le jugement, sans que cette fixation puisse être au-dessous de cinquante francs.

4. Seront, au surplus, exécutées les dispositions des lettres patentes du 30 avril 1790, concernant la chasse, lesquelles seront publiées dans les départemens où elles ne l'ont pas encore été.

5. Le grand-juge ministre de la justice et le ministre de la police générale sont chargés, chacun en ce qui le concerne, de l'exécution du présent décret, qui sera inséré au Bulletin des lois.

ORDONNANCE DU ROI RELATIVE AUX CHASSES ET A LA LOUVETERIE.

15 Août 1814.

Louis, etc.

Nous avons ordonné et ordonnons ce qui suit :

Art. 1er. La surveillance et la police des

chasses dans toutes les forêts de l'Etat, sont dans les attributions du grand-veneur.

2. La louveterie fait partie des mêmes attributions.

3. Les conservateurs, les inspecteurs, sous-inspecteurs et gardes forestiers recevront les ordres du grand-veneur pour tout ce qui a rapport aux chasses et à la louveterie.

4. Nos ministres secrétaires d'état aux départemens de notre maison et des finances sont chargés, chacun en ce qui le concerne, de la promulgation des présentes.

RÈGLEMENT RELATIF AUX CHASSES DANS LES FORÊTS ET BOIS DES DOMAINES DE L'ÉTAT.

20 Août 1814.

Dispositions générales.

Art. 1er. Tout ce qui a rapport à la police des chasses est dans les attributions

du grand-veneur, conformément à l'ordonnance du Roi en date du 15 août 1814.

2. Le grand-veneur donne ses ordres
aux conservateurs forestiers pour tous les
objets relatifs aux chasses ; il en prévient
en même temps l'administration générale
des forêts.

3. Il est défendu à qui que ce soit de
prendre ou de tuer, dans les forêts et bois
royaux, les cerfs et les biches.

4. Les conservateurs, inspecteurs, sous-
inspecteurs et gardes forestiers sont spécialement chargés de la conservation des
chasses, sous les ordres du grand-veneur,
sans que ce service puisse les détourner
de leurs fonctions de conservateurs des
forêts et bois de l'Etat. Tout ce qui a rapport à l'administration de ces bois et forêts reste sous la surveillance directe de
l'administration forestière, et dans les attributions du ministre des finances.

5. Les permissions de chasse ne seront
accordées que par le grand-veneur ; elles
seront signées de lui, enregistrées au se-

crétariat général de la vénerie, et visées par le conservateur dans l'arrondissement duquel ces permissions auront été accordées.

Le conservateur enverra au préfet et au commandant de la gendarmerie le nom de l'individu dont il aura visé la permission.

Les demandes de permission seront adressées, soit au grand-veneur, soit aux conservateurs, qui les lui feront parvenir.

Ces permissions ne seront accordées que pour la saison des chasses, et seront renouvelées chaque année, s'il y a lieu.

6. Il sera accordé deux espèces de permissions de chasse : celle de chasse à tir, et celle de chasse à courre.

7. Tous les individus qui auront obtenu des permissions de chasse sont invités à employer ces permissions à la destruction des animaux nuisibles, comme loups, renards, blaireaux, etc. Ils feront connaître au conservateur des forêts le nombre de ces animaux qu'ils auront détruits, en lui

envoyant la patte droite : par là ils acquerront des droits à de nouvelles permissions, l'intention du grand-veneur étant de faire contribuer le plaisir de la chasse à la prospérité de l'agriculture et à l'avantage général.

8. Les conservateurs et inspecteurs forestiers veilleront à ce que les lois et les règlemens sur la police des chasses, et notamment les lettres patentes du 30 avril 1790, soient ponctuellement exécutés. Ceux qui chasseront sans permission seront poursuivis conformément aux dispositions de ces lettres patentes.

Titre Ier. — *Chasse à tir.*

Art. 1er. Les permissions de chasse à tir commenceront, pour les forêts de l'état, le 15 septembre, et seront fermées le premier mars.

2. Ces permissions ne pourront s'étendre à d'autre gibier qu'à celui dont elles contiendront la désignation.

3. L'individu qui aura obtenu une permission de chasse, ne doit se servir que de chiens couchans et de fusil.

4. Les battues ou traques, les chiens courans, les lévriers, les furets, les lacets, les panneaux, les piéges de toute espèce, et enfin tout ce qui tendrait à détruire le gibier par d'autres moyens que celui du fusil, est défendu.

5. Les gardes forestiers redoubleront de soins et de vigilance dans le temps des pontes, et dans celui où les bêtes fauves mettent bas leurs faons.

EXTRAIT DE LA LOI SUR LES FINANCES.

28 Avril 1816.

TITRE VII.

Art. 77. Les dispositions des lois, décrets et ordonnances auxquelles il n'est pas dérogé par la présente loi, et qui régissent actuellement la perception des droits d'enregistrement, permis de port d'armes, etc. etc., sont et demeurent maintenues.

Néanmoins, le droit sur les permis de port d'armes est réduit à quinze francs.

ORDONNANCE DU ROI RELATIVE A LA DÉLIVRANCE DES PERMIS DE PORT D'ARMES.

17 Juillet 1816.

Louis, etc,

Vu le décret du 11 juillet 1810, et l'article 77 de la loi du 28 avril 1816; considérant que la faculté accordée aux personnes décorées des ordres français, d'obtenir des permis de port d'armes en payant seulement un franc n'a point été confirmé par la loi du 28 avril, qui a réduit de moitié le prix de ces permis; que cette exemption est en opposition avec le texte et l'esprit de notre charte, qui n'admet aucun privilége en matière de contributions.

Sur le rapport de notre ministre secrétaire d'état des finances, nous avons ordonné et ordonnons ce qui suit :

Art. 1ᵉʳ. La faculté accordée par les décrets des 22 mars 1811 et 12 mars 1813, aux personnes décorées des ordres français qui existaient alors, de ne payer qu'un franc fixe pour l'obtention du permis de port d'armes, laquelle faculté a été étendue par notre ordonnance du 9 septembre 1814, aux chevaliers de notre ordre royal et militaire de Saint-Louis, est et demeure supprimée : en conséquence le droit de quinze francs, fixé par l'art. 77 de la loi du 28 avril dernier, sera payé indistinctement par tous ceux qui seront dans le cas de se pourvoir de ces permis.

2. La gratification de trois francs, précédemment accordée à tout gendarme, garde champêtre ou forestier qui constate des contraventions aux lois et règlemens sur la chasse, est portée à cinq francs.

3. Notre chancelier de France, ayant par *intérim* le portefeuille du ministère de la justice, et nos ministres secrétaires d'état aux départemens des finances et de la police générale sont chargés, chacun en

ce qui le concerne, de l'exécution de la présente ordonnance, qui sera insérée au Bulletin des Lois.

EXTRAIT DE L'ORDONNANCE DU ROI CONCERNANT LA VENTE DES POUDRES DE CHASSE, etc.

25 Mars 1818.

Louis, etc.

Sur le rapport de nos ministres secrétaires d'état de la guerre et des finances ;

Notre conseil d'état entendu,

Nous avons ordonné et ordonnons ce qui suit :

Titre Ier.—*Dispositions générales.*

Art. 1er. A dater du 1er juin prochain, la vente des poudres de chasse, de mine et de commerce, sera exclusivement exploitée par la direction générale des contributions indirectes.

Il en sera de même de la vente des poudres de guerre, destinées aux armemens du commerce maritime, et à la consommation des artificiers patentés.

La direction générale des contributions indirectes comptera du produit de cette vente, dans la même forme que du produit de la vente des tabacs.

2. Une ordonnance spéciale déterminera chaque année, sur la proposition de nos ministres secrétaires d'état aux départemens de la guerre, de la marine et des finances, le taux auquel chacun de ces deux derniers départemens remboursera à la direction générale des poudres, le prix de fabrication des poudres qui lui seront livrées par cette direction dans le cours de l'année.

Les poudres seront vendues au commerce et aux particuliers, par la direction générale des contributions indirectes aux prix déterminés par la loi.

3. La vente des poudres, au public, continuera d'être soumise, sous l'exploitation de la direction générale des contributions indirectes, aux lois, ordonnances et rè-

glemens actuellement en vigueur sur cette matière.

Titre II. — *Mesures d'exécution.*

Art. 5. A dater du 1er octobre prochain, les poudres de chasse de toute espèce ne seront vendues qu'en rouleaux ou paquets d'un demi, d'un quart et d'un huitième de kilogramme.

Chaque rouleau sera formé d'une enveloppe de plomb, et revêtu d'une vignette indiquant l'espèce, le poids et le prix de la poudre, et sera fourni, ainsi confectionné par la direction générale des poudres.

Dans aucun cas, le poids de l'enveloppe ne sera compté dans le poids de la poudre.

ORDONNANCE DU ROI RELATIVE AUX GARDES CHAMPÊTRES.

29 Novembre 1820.

Louis, etc.

Sur le rapport de notre ministre secrétaire d'état de l'intérieur;

Vu les lois des 6 octobre 1791, 8 juillet

1795 (20 messidor an III) et l'arrêté du 18 septembre 1801 (25 fructidor an IX), relatifs aux gardes champêtres;

Considérant qu'il importe de prescrire un mode uniforme pour la nomination et la révocation de ces gardes;

Notre conseil d'état entendu;

Nous avons ordonné et ordonnons ce qui suit :

Art. 1er. Le choix des gardes champêtres sera fait par les maires, et sera approuvé par les conseils municipaux; le sous-préfet de l'arrondissement leur délivrera une commission.

2. Le changement ou la destitution des gardes champêtres ne pourra être prononcé que par le sous-préfet, sur l'avis du maire et du conseil municipal du lieu : le sous-préfet soumettra son arrêté à l'approbation du préfet.

3. Notre ministre secrétaire d'état de l'intérieur est chargé de l'exécution de la présente ordonnance, qui sera insérée au Bulletin des Lois.

ORDONNANCE DE POLICE CONCERNANT LA FERMETURE DE LA CHASSE.

25 Février 1826.

Nous, conseiller d'état, Préfet de police,

Vu les lettres patentes du Roi, concernant la chasse, données à Paris le 30 avril 1790,

Et l'article 2 de l'arrêté du gouvernement du 12 messidor an 8 (1er juillet 1800);

Ordonnons ce qui suit :

Art. 1er. A compter du 1er mars prochain, et jusqu'à nouvel ordre, l'exercice de la chasse est défendu à toutes personnes, dans le ressort de la préfecture de police, *sur les terres non closes, même en jachères*, sous les peines prononcées par l'article 1er des lettres patentes du 30 avril 1790.

2. Les propriétaires ou possesseurs pourront néanmoins chasser ou faire chasser dans celles de leurs possessions qui sont

séparées des héritages d'autrui par des murs ou par des haies vives (*art.* 13 *des lettres patentes sus-énoncées*), pourvu qu'ils soient porteurs d'un permis de port d'armes (art. 1er du décret du 4 mai 1812).

3. Les propriétaires ou possesseurs autres que les simples usagers, pourront également, sous la même condition, chasser ou faire chasser, *sans chiens courans,* dans leurs bois et forêts (*art.* 14 *des mêmes lettres patentes*).

4. Les maires et les adjoints de maire, les officiers de la gendarmerie, les commissaires de police, les gardes champêtres et les gardes forestiers, constateront les contraventions à la présente ordonnance, par des procès-verbaux qui nous seront adressés.

5. Les contrevenans seront dénoncés aux tribunaux pour être poursuivis conformément aux lois.

ORDONNANCE DE POLICE CONCERNANT L'OUVERTURE DE LA CHASSE.

10 Août 1826.

Nous, conseiller d'état, Préfet de police,

Vu la loi des 28 et 30 juillet 1790, le décret du 11 juillet 1810, et les arrêtés, règlemens et ordonnances rendues sur le fait de la chasse, et sur le droit de port d'armes;

Ordonnons ce qui suit :

Art. 1er. La chasse sera ouverte le 25 août prochain, dans toute l'étendue du département de la Seine, et dans les communes de Saint-Cloud, Sèvres et Meudon, dépendant du département de Seine-et-Oise, et faisant partie du ressort de la préfecture de police.

Il est défendu de chasser avant cette époque, même sous prétexte de tirer des hirondelles le long des rivières.

Il est également défendu de chasser

dans les vignes avant que les vendanges soient entièrement terminées, et dans les champs ensemencés et plantés de légumes, avant la fin de la récolte.

2. Les règlemens et ordonnances de police sur la chasse continueront d'être exécutés selon leur forme et teneur.

3. Les poursuites contre les contrevenans seront portées devant les tribunaux.

CHAPITRE IX.

Résumé de la législation actuelle sur la chasse.

Les droits et priviléges de la chasse étant abolis par le décret du 11 août 1789, tout propriétaire a le droit de faire détruire sur son terrain avec toutes sortes de piéges, engins, etc., le gibier qui s'y trouve ; mais il ne peut chasser au fusil, même sur ses propriétés, sans être porteur d'un permis de port d'armes de chasse. Le récépissé des quinze francs déposés pour obtenir un permis, et indiquant le jour où l'on doit se présenter à la préfecture de police pour le retirer, ne peut en aucun cas remplacer ce permis de port d'armes. Le propriétaire doit aussi se conformer aux ordonnances qui règlent l'ouverture et la fermeture de la chasse, excepté pour ses lacs, étangs et autres possessions séparées par des murs ou des haies vives d'avec les héritages d'autrui, ainsi que pour ses bois et forêts, où il lui est permis de chasser en tous temps, mais seulement avec des chiens couchans.

Les procès-verbaux des gardes champêtres, pour constater les délits de chasse, doivent être dressés dans les vingt-quatre heures, et sont crus jusqu'à inscription de faux, du moins pour le corps du délit.

En tout temps le procureur du Roi peut poursuivre pour les délits de chasse commis sans permis de port d'armes, et en temps prohibé lors même que le délinquant est porteur d'un permis de port d'armes de chasse ; mais en temps non prohibé, lorsque le chasseur est muni d'un permis de port d'armes, les poursuites ne peuvent être dirigées qu'avec le consentement du propriétaire sur le terrain duquel le délit a été commis, son silence supposant la permission de chasse.

La prescription d'un mois établie pour les délits de chasse ne peut s'étendre à l'action intentée pour le délit de port d'armes de chasse sans permission. Enfin il y a délit de chasse du moment que l'on est trouvé sur le terrain d'autrui portant un fusil sans avoir une permission du propriétaire.

Les délits de chasse sont jugés par les tribunaux de police et les tribunaux correctionnels. Les peines qu'ils entraînent, sont l'amende et la réclusion à temps : dans tous les cas il y a lieu à la confiscation des armes avec lesquelles les délits ont été commis, sans néanmoins que les gardes puissent jamais désarmer les chasseurs.

Table des Matières.

—